化学太有趣了

奇妙的化学实验

张姝倩◎著　李文诗◎绘

天地出版社 | TIANDI PRESS

前 言

走进瑰丽又奥妙的化学世界

亲爱的小读者，在日常生活中你有没有留意过这些现象和问题：

切洋葱时为什么会止不住地流泪？

小小的暖宝宝热量是从哪里来的？

刚切开不久的苹果为什么变成褐色？

烟花为什么会有各种绚烂的颜色？

汽水里为什么会钻出来一个个小气泡？

为什么用久了的水壶会结出一层灰白色水垢？

…………

其实，这些有趣的现象都可以用化学知识来解释。

化学是一门以实验为基础的研究物质的组成、结构、性质及其变化规律的科学，也是一门和人类生产、生活息息相关的科学。人类从原始社会发展到现代文明社会，就是一部化学的发展史。

但因为化学内容过于抽象，往往不易被理解，对小读者来说更像是谜一样的存在，更谈不上深入研究了。

为了让更多小读者喜欢上化学，乐于探索化学世界的奥妙，我特意编写了这一套《化学太有趣了》。

丛书共分为三册，《有趣的化学知识》着重介绍了化学的基础知识，力求为小读者构建起基本的知识框架。在这本书中，小读者可以认识到无处不在的分子、随处可见的元素，辨别质子与中子的不同，参加热火朝天的酸碱大赛……

化学是实验的科学，动手能力和基础知识同样重要，因此在《奇妙的化学实验》中我设计了 30 个操作性强、危险度低的小实验。大部分实验中的材料和工具，都是生活中常见的物品。小读者可以学到如何让小

木炭跳舞，怎样做一座会喷发的小火山，甚至可以自己配制一杯好喝的汽水。此外，书中特别设置了"难易指数"，小读者可以依此判断是否需要爸爸妈妈的帮助。做实验时要记得做好保护措施，千万不要受伤哦。

在生活中，同样存在着无数好玩的化学现象，小读者见到后总会有"这种现象是怎么回事""那种反应又是什么原因"之类的疑问。为此，《生活中的化学》将详细讲述生活中的化学现象。咖啡为什么这么苦？醋除了调味还有什么妙用？臭豆腐的臭味是从哪儿来的？不粘锅"不粘"的秘诀在哪里？这些问题都将一一得到解答。

全书语言力求风趣幽默，尽量避免过度使用专业术语，并且在每个章节中，我都精心准备了"化学加油站"栏目，用以讲述各种有趣的知识。此外，书中还配有大量富有童趣的手绘插画，希望它们为小读者插上想象的翅膀，让科学变得趣味盎然。

最后，我衷心期望这套书能让小读者在趣味阅读中增长智慧，快乐成长！

在编写的过程中难免有疏漏之处，欢迎小读者提出宝贵意见，帮助我们改进和完善。

现在，欢迎来到瑰丽又奥妙的化学世界！不要迟疑，请尽情遨游吧！

谨以此丛书献给每一位勇于探索的小读者！

张姝倩

2022 年 9 月

目录

烧不坏的手帕：其实是酒精溶液起了作用　　　/ 002

燃烧的雪球：醋酸钙大变身　　　/ 006

会跳舞的小木炭：当硝酸钾遇上碳　　　/ 010

滴水生烟：答案居然是碘　　　/ 014

自己脱壳的生鸡蛋：碳酸钙和酸　　　/ 018

小火山爆发：准备好，来解开爆炸之谜　　　/ 022

自制汽水：二氧化碳的化学大课堂　　　/ 026

多彩史莱姆：胶水和硼砂的趣味结合　　　/ 030

酸碱侦探紫甘蓝：超能力来自花青素　　　/ 034

超级大牙膏：强氧化剂兄弟的配合战　　　/ 038

神秘图画：亚铁氰化钾和亚铁氰化铁　　　/ 042

漂亮的熔岩灯：白醋和小苏打的奇思妙想　　　/ 046

可爱的水晶宝宝：海藻酸钠和乳酸钙　　　/ 050

枝繁叶茂的圣诞树：磷酸二氢钾的第二次生命　　　/ 054

水中花园：能种"珊瑚"能防火的硅酸钠　　　/ 058

无声的交警：会变色的靛蓝胭脂红　　　/ 062

制作手工皂：皂化反应 / 066

摇一摇颜色不见了：氧化还原反应 / 070

牛奶变"塑料"：蛋白质和酪蛋白 / 074

燃烧的糖果：原来是锂催化的结果 / 078

水果发电：水果中的酸性电解质 / 082

秘密信函：淀粉和碘的化学反应 / 086

浊水变清：净水大哥大明矾 / 090

牛奶山水画：表面活性剂的力量 / 094

风暴瓶：樟脑和酒精可以预测天气 / 098

"蓝晶雨"：碳酸铜和甘氨酸的美丽结晶 / 102

隐形墨水：葡萄汁和小苏打的杰作 / 106

果皮汁爆气球：相似相溶原理 / 110

点水成"冰"：不稳定的过饱和溶液 / 114

我能造"宝石"：珍贵的宝石从哪里来？ / 118

翻开这一页，
开始进行有趣
又神奇的
化学实验！

烧不坏的手帕：
其实是酒精溶液起了作用

古古怪，古古怪，为什么手帕烧不坏？

也许你会说："怎么可能？每年全国发生火灾高达几十万起，造成严重的财产损失，甚至会伤害很多生命。火可以烧掉一片纸，也可以烧毁一座森林；可以烧掉一根木头，也可以烧毁一座房子；甚至在特殊的

酒精分子

哼哼，这都是我的功劳。

哇！手帕居然真的没被烧坏。

情况下，熔化钢铁都不在话下。这么厉害的大魔头，怎么可能烧不坏一块手帕呢？"

No！No！No！可爱的同学，请释放你大脑的思维空间！这个问题的古怪之处不在火！不卖关子了，让我们做个实验一探究竟吧！

化学加油站：
如何正确使用酒精消毒？

用酒精消毒时，可以用棉柔巾或者棉签蘸（zhàn）取酒精擦拭要消毒的地方或者身体部位。切记，千万不要用喷壶在屋里喷酒精消毒哟！因为如果空气中酒精的浓度达到3%，就很容易燃烧甚至爆炸。吸烟、做饭等明火，或者衣服上的静电都有可能引起酒精的燃烧甚至爆炸。

烧不坏的手帕

实验难易指数： ★★★★☆

先准备一块手帕、一把镊子、一个杯子、一些医用酒精和一盒火柴。酒精易燃，又有火源，所以要再准备一块湿布，如果有意外燃烧，请立刻用湿布灭火。

开始实验吧！首先，在杯子里倒一些酒精。其次，把手帕完全浸泡到酒精里，给它泡个澡。好了，时间不必太长，挤掉手帕上多余的酒精吧。接下来，关键时刻到了。请集中注意力，用镊子夹住手帕，然后用火柴点燃手帕——看清楚了吗？手帕上蓝色的火苗越蹿越高了！

咦？酒精可是液体呀，更何况酒精中还有水分，怎么会燃

实验小贴士

★实验前确保周围没有可燃物，建议在室外进行。
★建议选取较小的手帕，应佩戴防护手套，禁止用手直接触碰酒精。
★实验要在成人的监督下进行，并备好烫伤药及灭火器材。

挤成一团的酒精分子们

烧了呢？是不是很古怪、很神奇呢？别着急，还有更古怪、更神奇的，那就是手帕完好无损！当火焰熄灭以后，手帕竟然没有一点儿被烧坏的痕迹。

是燃烧的酒精保护了手帕

这简直太神奇了！到底是谁保护了手帕呢？没错，是酒精，准确地说是酒精中的水分！你知道吗？酒精有两个最主要的特点：易燃和易挥发。手帕上的一部分酒精轻而易举地被火柴引燃，酒精燃烧时产生的热量会使手帕上的水分蒸发，蒸发的过程中会带走燃烧产生的热量，手帕表面温度随之降低，达不到燃点；同时，另一部分酒精会在空气中迅速蒸发，浮于水的外层，使得水分更贴近手帕，对手帕起到了保护作用。所以，手帕才会完好无损！

酒精知多少？

酒精的化学专有名词叫"乙醇"，"酒精"只是它的俗称。常温常压下，酒精是无色透明的液体，它最明显的特点是容易燃烧和挥发。浓度为 100% 的酒精燃点只有 12℃，随着酒精浓度的降低，燃点的温度会升高。而它的易挥发也是出了名的，当酒精接触空气的刹那，它就已经开始挥发了。

谷物和水果可以酿酒

此外酒精还有一个特点，一定要记住——酒精有微毒，所以千万千万不能当酒喝。不过，酒精也是人们非常不错的帮手，被广泛运用到化学工业、医疗卫生、食品和农业等很多领域。生活中也有很多酒精的影子，举几个例子你就清楚了。比如，生病输液时，护士都会用酒精棉签擦拭要扎针的皮肤部位来消毒；妈妈也会用酒精擦拭家具进行清洁消毒。再比如，妈妈的化妆品中很有可能含有酒精；还有

爸爸喝的酒、超市卖的腐乳等等，都含有不同浓度的酒精。

咦？不是说酒精有微毒，那吃了含有酒精的食物会中毒吗？

食物中的酒精通常是发酵（jiào）产生的，比如，酒中的酒精就是用高粱、大米、小米、糯（nuò）米等谷物或者葡萄、苹果、李子、荔枝、桑葚（shèn）等水果发酵而来的，可以食用，但是如果过度饮用的确可能引起酒精中毒。所以，别忘了用今天学到的知识提醒家人"少喝酒，别贪杯"哟！而医用酒精是淀粉类植物先糖化再发酵蒸馏（liú）而来的，只能外用，不能饮用。

哇咔咔，火焰在雪球上燃烧，这就是我的小丑魔法！

雪球内部的酒精分子们

燃烧的雪球：
醋酸钙大变身

古古怪，古古怪，为什么火焰在雪球上燃起来？

刚见识了手帕为什么烧不坏，又要经历"雪球燃烧"吗？这简直太奇怪了，听起来像变魔术！如果你把它理解成魔术也不错，读完这篇文章，你完全可以在家人和同学面前来一场表演了。雪球燃烧不一般，这其中肯定有秘密！不妨偷偷告诉你，我们的雪球可不是冬天下雪堆起来的雪球，而是用一种特殊的化学物质制作而成的，它叫醋酸钙！

燃烧吧，雪球

实验难易指数：★★★★☆

首先准备20毫升水、7克醋酸钙、

实验小贴士

★实验前确保周围没有可燃物，建议在室外进行。

★应佩戴防护手套，取用醋酸钙应使用药匙，禁止用手直接接触。

★实验应在成人的监督下进行，并备好烫伤药及灭火器材。

100毫升浓度为95%的酒精、一个盘子、一根搅拌棒和一盒火柴。接着，将醋酸钙倒入水中，饱和的醋酸钙溶液就制作好了。这时可以把醋酸钙溶液倒入酒精里了！记得一定要边倒边搅拌哟。看见了吗？溶液里渐渐出现像雪一样的白色固体物质了。多搅拌一会儿！"雪"是不是越来越多了？别犹豫，快把制作好的"雪"捏成一个球放在盘子里吧。接下来是重点，点燃盘子里的雪球吧！哈哈，燃烧吧，雪球！

开心归开心，实验用火，注意安全哟！

我不是"雪球"，我是醋酸钙

这个表演简直太酷了！当我们在惊叹"雪球也能着火"的时候，醋酸钙大概会很郁闷，如果它能开口说话，一定会出来抗议哭诉："我不是雪，我是醋酸钙。"这究竟是怎么回事呢？原来呀，醋酸钙溶于水而不溶于酒精。当把醋酸钙的饱和溶液注入酒精里时，会析出雪状的固体醋酸钙。固体醋酸钙的结构呈网状，和醋酸钙不相溶的酒精就藏进了固体醋酸钙的网状结构里。当遇到火，酒精就会燃烧起来。从表面看，像是"雪球"在燃烧，实际呀，是酒精燃烧造成的假象。

喔喔！

哇！太棒了！

快看！雪球真的烧起来了！

揭秘陌生的朋友——醋酸钙

通常，我们说的醋酸钙又叫"乙酸钙"，是钙的乙酸盐。它易溶于水，不易溶于酒精，是无毒的。在生活中，很多地方都有醋酸钙的身影。除了可以用在稳定剂、腐蚀抑制剂、增香剂中，醋酸钙还是很好的食用补钙剂，可以预防骨质疏松、佝偻（gōu lóu）病，促进骨骼（gé）和牙齿的钙化和吸收。比如，孕妇和小宝宝经常服用醋酸钙制剂来补充身体所需的钙。快点问问妈妈，你小时候是不是也吃过醋酸钙呢？

既然醋酸钙能吃，那你一定很想知道它是怎么制作出来的吧！制作醋酸钙的方法有不少，其中很有意思的一个方法是用贝壳制作。先将贝壳清洗，粉碎，烘烤，然后再用1000℃的高温烧烤。接着，在烘烤过的贝壳粉末中加入水，就变成了石灰乳。别着急，离制成

可以为儿童补钙的醋酸钙天使

哇，真好吃。

你说这是个啥？

据我多年的江湖经验来看——没看出来。

醋酸钙不远了。只要在石灰乳中加入醋酸中和，等到溶液澄清后过滤一下，再将溶液浓缩。马上就成功了——将浓缩的溶液放入 120℃ ~ 140℃的烘干机里烘干，大功告成！

小朋友，你知道吗？用醋酸和碳酸钙也能制成醋酸钙。除了专业制作方法，在厨房也能制作醋酸钙哟。在碗里放一个鸡蛋，再倒一些醋。过一会儿，你就会发现蛋壳的表面会冒出小气泡，这些气泡就是二氧化碳气体。这是因为蛋壳中有碳酸钙，醋里有醋酸，当它们相遇，就会发生化学反应，产生出二氧化碳和醋酸钙。这个实验叫醋泡蛋！如果感兴趣，你也可以试一试。

化学加油站：
碳酸钙、醋酸钙，谁是补钙的盖世英雄？

钙制剂都必须以钙离子的状态才能被人体吸收，但是碳酸钙必须借助胃酸才能有效释放钙离子。如果缺乏胃酸，碳酸钙就不容易被解离和吸收。而且碳酸钙在和胃酸反应的时候还会释放二氧化碳，很容易让人产生腹胀、打嗝（gé）等身体不适。

醋酸钙容易溶解，不用消耗胃酸就能全部解离钙离子，补钙效果更好。你学会了吗？

透明的醋泡蛋

会跳舞的小木炭：
当硝酸钾遇上碳

古古怪，古古怪，木炭跳舞这么嗨？如果说"燃烧的雪球"是你展示的一次魔术表演，那这个家伙完全可以独自撑起场面，上演一场惊艳的舞蹈表演了！它就是木炭。什么？一个其貌不扬、黑乎乎的家伙也能跳舞？"木炭不可以貌相"哟！如果见到它跳舞时的样子，你一定会觉得炫酷十足的。觉得不可思议吗？一起来看看吧！

实验小贴士

★ 应佩戴防护手套，物体应置于石棉网上均匀受热。

★ 酒精灯使用结束后，以灯帽熄灭，切忌用嘴吹灭。

★ 实验应在成人的监督下进行，并备好烫伤药及灭火器材。

舞蹈欣赏——木炭之舞

实验难易指数： ★★☆

在让木炭开始舞蹈之前，先要做一些准备工

作。取一些木炭，最好弄得碎一点儿，像黄豆大小的颗粒就可以，这样跳舞时的效果会更好；再准备一些固体的硝（xiāo）酸钾（jiǎ）、一个酒精灯和一个支架，还需要一个烧杯和一个药匙。哦，差点儿忘了，建议你准备一首好听的舞曲，一定会派上用场的。请记住，千万不要用手碰触化学试剂，还要注意用火安全呀！

　　好了！舞台表演即将拉开帷（wéi）幕！请用药匙把硝酸钾放到器皿中加热吧。等到硝酸钾逐渐熔化，将小木炭放到硝酸钾溶液中。别着急，继续加热……哇，看见了吗？木炭燃烧起来了！小木炭的舞蹈正式开始，配上你准备好的舞曲，和小木炭一起尽情地舞蹈吧！

哟～吼～

身体要动起来哦！

king

是谁赋予木炭跳舞的能量？

真是太奇妙了！木炭虽然很小，但是却是跳舞的高手。它们一会儿跳起落下，一会儿在空中翻转，还会噼啪作响，简直就是自带灯光和音效呀！这么强大的能量来自哪里呢？原来呀，硝酸钾受热以后，会释放氧气，释放的氧气又马上和木炭发生化学反应，生成二氧化碳气体。没错，就是二氧化碳气体赋予了小木炭跳舞的能量，使小木炭舞出了欢快曼妙的舞姿。

当小木炭被二氧化碳气体顶起来的时候，就和硝酸钾溶液脱离开了。这时候，化学反应中断。没有二氧化碳继续维持小木炭的空中动作，小木炭受到重力的影响就会下落。落入硝酸钾溶液后，化学反应继续进行。小木炭再次被二氧化碳托起，离开硝酸钾溶液。就是这样循环反复，小木炭才可以持续不断地跳舞啊。

既能配制爆竹，又能当作肥料的多功能小帮手——硝酸钾

生活中的硝酸钾

精彩的"木炭跳舞"结束了，硝酸钾的科普知识很有必要了解一下。虽然我们对硝酸钾并不熟悉，但是在生活中却不乏硝酸钾的身影。它究竟是一种什么东西呢？

化学加油站：

硝酸钾存放注意事项

千万要注意哟！硝酸钾一定要储存在阴凉干燥、远离火源和火种的地方。因为硝酸钾是一种强氧化剂，与有机物接触很容易燃烧甚至爆炸，所以最好单独存放！

硝酸钾俗称"火硝"，又叫"土硝"。它的样子有的是无色透明的晶体，有的是白色粉末，不太容易结块儿。硝酸钾有淡淡的咸味儿，还有一点儿清凉的感觉。它没有毒，也很容易在水里溶化。但是，千万不要尝它哟！

你知道吗？我们平时吃的瓜果蔬菜、观赏的漂亮花朵，之所以长得那么好，很多都离不开硝酸钾的功劳。这是因为硝酸钾是一种无氯（lǜ）氮（dàn）钾复合肥料，它溶解性比较高，里面的有效成分氮和钾容易被作物迅速吸收，是很多作物非常好的养料。除此之外，过年时燃放的烟花爆竹也离不开硝酸钾。它还被用于染发剂、护色剂以及防腐剂中，还能配制火柴、炸药、引火线等等。怎么样，硝酸钾是人类多才多艺的好帮手吧！好了，现在是不是觉得硝酸钾不那么陌生了呢？

呀！是虫子！

嘿嘿，有了硝酸钾，再也不会饿肚子了。

滴水生烟：
答案居然是碘

古古怪，古古怪，怎么出现一片紫色的烟海？

"日照香炉生紫烟，遥看瀑布挂前川。飞流直下三千尺，疑是银河落九天。"

这是李白的《望庐山瀑布》，你一定背得很熟了。不过别误会，我们不讲古诗，只是想告诉你，李白诗中"日照香炉生紫烟"的美妙场景，用一个简单的化学实验就可以实现。看了下面这个实验，你一定会感受到化学的神奇和伟大之处。

> 戴好护目镜。小朋友们要做好防护措施哦

> 向装有碘晶体和铝粉的烧杯中滴入水

碘铝生紫烟

实验难易指数：★★★

准备一些碘（diǎn）晶体和铝粉，再准备一个研钵（bō）来研碎碘晶体，如果没有研钵，也可以

> 烧杯中瞬间升腾起紫色的烟雾

用一个小瓷勺和一个小瓷碟来代替。再准备一支胶头滴管、一个小药匙、半杯清水和一个锥形瓶。戴好护目镜、手套和口罩，碘晶体具有腐蚀性和毒性，不要接触到皮肤哟！实验一定要在通风良好的场所进行哦！

好了，开始实验吧！先用药匙分别取一匙研磨好的碘晶体和一匙铝粉，轻轻地放到纸槽里。搅一搅，让两种粉末混合均匀，然后小心地将纸槽送入锥形瓶底部。注意，放的时候要小心哟，尽可能让粉末堆积在一起。

接下来用胶头滴管吸满水，再将橡皮塞连同滴管插入锥形瓶口。好了，一切准备就绪，挤一挤胶头滴管的胶头，让水滴入锥形瓶中。哇！看到没有，几乎是水滴到粉末的刹那，紫色的烟雾就升腾起来了！

碘和铝结合，发生了什么？

化学世界简直让人称奇！让我们了解一下这究竟是怎么回事。原来呀，碘和铝在水的作用下，发生了放热的化学反应。反应放出的热量使水变为水蒸气，并使多余的碘变成碘蒸气。这样一来，就形成了紫色的烟雾。所以，这里的"紫烟"，准确地说应该是紫色的蒸气。

实验中用到的铝粉是一种金属粉末，可以用其他金属粉末代替，比如锌（xīn）、铁、铜、镁（měi）等。

实验小贴士

★实验应在通风良好的场所进行，建议在室外进行。
★实验中应佩戴护目镜、防护手套及口罩，并在成人的监督下进行。
★实验结束后，废弃药品须回收处理，切忌随意丢弃。

碘的故事

说到碘，大家并不陌生吧！它是人体必需的微量元素之一，被称为"智力元素"。通常，人体内含有的碘的总量为20～50毫克。如果一个人缺碘，会引起人体甲状腺（xiàn）肿大，所以我们国家规定食盐中必须添加碘，来补充人体必需的碘元素。

碘是一种非金属元素，单质的碘是紫黑色的晶体。它可以添加在食盐中，作为人体微量元素的补充，还能制作燃料、碘酒和一些药物。

关于碘的发现，还有一个故事呢！19世纪初，拿破仑在欧洲发动了一场大规模的战争，因为战争需要大量的黑火药，所以有很多化学家、火药商都在研究制造黑火药。但是，制造黑火药用到的硝石比较稀缺。

被猫碰倒的浓硫酸瓶子

化学加油站：碘对人体有多重要？

你知道吗？人体缺碘容易患克汀（tīng）病、呆小症和甲状腺肿大，所以要保证身体有足够的碘。但是也不用担心哟，人体所需的80%～90%的碘是通过食物摄取的，比如芹菜、大白菜、菠菜、青椒、海带、紫菜、香蕉、葡萄、橘子等；还有少量来自水中的碘，额外补充只占到很小一部分。此外，还可以通过吃碘盐来补充人体必需的碘元素。不过，如果服用碘过量，也很有可能患"甲亢（kàng）"。所以，是不是要额外补充碘元素，要经过体检，听取医生的意见来决定哟！

有一个叫库尔特瓦的法国硝石商、药剂师善于思考、酷爱研究，他把海草烧成灰，再把灰泡在水里制作成硝石。库尔瓦特觉得剩下的液体里一定还有其他物质，于是开始潜心研究。很巧的是，有一天，一只猫把装有浓硫（liú）酸的瓶子碰倒了，浓硫酸和浸过海草灰的液体混合在了一起。

糟糕！两种液体发生了化学反应！只见一股紫色的蒸气腾空而起，还散发出一股难闻的味道。更为奇怪的是，蒸气凝结后，出现了像盐一样的晶体颗粒，还闪烁着紫黑色的光。

这让库尔瓦特异常兴奋，他马上开始研究，通过化验和分析，发现紫色的结晶体是一种新元素。最终，这种新元素被命名为"碘"，希腊文的原意就是"紫色"。

自己脱壳的生鸡蛋：
碳酸钙和酸

古古怪，古古怪，今天的化学实验更奇怪！

小朋友，还记得能让"雪球"燃烧的醋酸钙吗？

我们知道，能燃烧的"雪球"是用特殊方法制作的，并非天然的雪。但是今天，让你见识一下生鸡蛋自己是怎么脱掉它的外壳的，是真的母鸡下的鸡蛋哟！

鸡蛋脱壳？生鸡蛋？自己脱？是不是你的脑子里已经出现了十万个为什么那么多的问号了呀？告诉你吧，这个实验的真正原理是碳酸钙和酸发生了化学反应。这和我们前面学的醋酸钙也有关系呢。你已经迫不及待想要了解了吧？赶紧开启奇妙的实验之旅，了解一下醋酸钙的朋友——碳酸钙吧。

生鸡蛋脱壳

实验小贴士

★实验要用生鸡蛋，熟鸡蛋无法变成半透明状态。

实验难易指数： ⭐

　　今天的实验要准备的材料非常简单，家中的厨房里通常都会有：一只透明的玻璃杯、一个生鸡蛋和一瓶白醋。准备好了吗？把生鸡蛋轻轻地放在玻璃杯中，再倒进白醋，要多倒一些，一定要没过鸡蛋哟。好了，实验的操作步骤到这里就全部完成了，剩下的就是观察和耐心地等待喽。不要着急呀，好玩儿的在后面呢。

　　细心的你看到了吗？当倒进白醋，鸡蛋的表面就逐渐产生了小气泡。慢慢地，小气泡越来越多，会密密麻麻地包裹在蛋壳的表面，白醋里也会有气泡不断升起。直到蛋壳表面不再有气泡产生，鸡蛋变成半透明的时候，实验就成功了。这个过程大概需要两天吧。时间有点儿长，但是结果值得期待哟！

　　两天之后看一看，是不是蛋壳已经不见了呢？鸡蛋变成半透明状的了。虽然蛋壳不

快来这边，别着凉了。

脱完壳，光溜溜的好舒服。

见了，但是鸡蛋却没有散开，是不是很神奇呀！把鸡蛋轻轻地拿出来，捏一捏，还很有弹性；轻轻地扔向桌面，还会弹、弹、弹呢；用手电筒照一下，里面的蛋黄清晰可见，蛋白的部分也变得很亮呢！

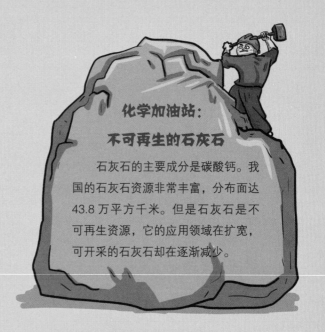

化学加油站：

不可再生的石灰石

石灰石的主要成分是碳酸钙。我国的石灰石资源非常丰富，分布面达43.8万平方千米。但是石灰石是不可再生资源，它的应用领域在扩宽，可开采的石灰石却在逐渐减少。

蛋壳去哪儿了？

好奇的你一定想问，蛋壳去哪儿了呢？怎么毫无踪影？原来呀，鸡蛋壳中富含碳酸钙，白醋中含有醋酸，碳酸钙和醋酸相遇，就发生了化学反应，蛋壳就慢慢变成了二氧化碳气体、水和醋酸钙。所以，这下你知道为什么倒进白醋以后，鸡蛋表面会冒泡泡了吧。没错，是二氧化碳气体。还有一种化学物质——醋酸钙，我们在《燃烧的雪球：醋酸钙大变身》中已经讲过啦,你还记得吗? 赶紧去复习一下吧!

咦，那为什么蛋液没有流满杯子，而是仍然保持完整呢? 这是因为蛋壳里面有一层薄膜包裹着蛋液，这层薄膜并没有和白醋里的醋酸发生化学反应。好了，一切真相大白! 快把这个有趣的实验分享给身边的同学吧!

救命啊! 大……大乌龟说话了!

你好，亲爱的女士。

龟壳的成分中就有碳酸钙

随处可见的碳酸钙

碳酸钙可算得上人类的亲密朋友了。比如，隔壁班同学养的乌龟的龟壳，妈妈戴的珍珠耳环,冰箱里的鸡蛋外壳，水管内壁的水垢，以及大理石、钟乳石，还有建筑材料、塑料盆、补钙剂，等等，都含有碳酸钙。

碳酸钙，又叫"石灰石""石粉"。它呈碱（jiǎn）性，可以溶于盐酸，但是不溶于水。它是非常常见的一种物质，也很容易获得，一些动物的骨骼和壳中就富含碳酸钙。而大量存在于石灰石中的碳酸钙被广泛运用，比如，把石灰石磨成粉末，可以用于医药、化妆品、动物饲料、造纸、装修涂料和水泥等产品中。所以呀，碳酸钙真的是随处可见，就在身边呀!

小火山爆发：
准备好，来解开爆炸之谜

古古怪，古古怪，火山爆发真厉害！

你一定听说过火山爆发吧！火山爆发时释放的能量巨大，超级危险！祈祷，祈祷，愿人类远离火山爆发！不过，我猜你一定很好奇火山爆发究竟是什么景象吧？今天，我们来做一个小实验，模拟一下火山爆发的样子吧。别害怕哟，我们模拟的是一座脾气温和的火山，不会有什么危险的。

秘制小苏打溶液

喷发的火山"岩浆"

我的小火山爆发了

实验难易指数： ★★

请放心，我们的"火山爆发"实验很

安全哟，看看准备的材料你就知道了。实验需要的材料有厨房里的小苏打、洗洁精、白醋、水、两只杯子、一根搅拌用的筷子、一把勺子，另外再准备一个小矿泉水瓶做火山，或者气体窄口瓶也可以。好了，实验用的材料就这么多了。

为了让火山更逼真，我们还需要做一件漂亮的艺术作品——火山模型。我们准备一些废旧报纸、一卷胶带和一些颜料。把废旧报纸揉成纸团，用胶带缠在矿泉水瓶上，粘出一座山的样子，记得把瓶口的位置留出来哟。然后再在纸团外面贴一层纸，把山体的凹凸不平体现出来。接下来，给"火山"刷上颜料吧，比如，山顶的位置画成红色，山腰的位置画上绿色，山脚的位置画成蓝色。展现你艺术天分的时候到了，注意颜色之间的过渡和立体的层次感哟。好了，火山模型做好了。开始实验喽！

将洗洁精和白醋按1∶1的比例倒入纸杯中，搅拌均匀后从"火山口"倒进瓶子里；再取一个纸杯，倒入适量清水，并加入小苏打搅拌均匀。

准备好了吗？把小苏打溶液倒入"火山口"中吧！

看见了吗，大量的泡沫从"火山口"迅速喷涌出来！小火山实验大功告成！还想做一遍吗？建议你在溶液中加一点儿红色颜料，红色岩浆的效果就更加逼真了！

实验小贴士

★实验要选在空旷易清理的场所进行。

★实验结束后，记得清理干净实验场所哦。

究竟是谁在起作用？

一些简单的厨房用品就能模拟出火山爆发的场景，这简直太神奇了！其实原理很简单。小苏打是碱性的，当它和白醋中的酸相遇，会发生化学反应，并且产生大量的二氧化碳气体；二氧化碳气体和洗洁精相遇，又会产生大量的泡泡。泡泡涌出瓶口，就形成了"火山爆发"的效果。你明白了吗？

火山中的化学

做完了火山爆发的化学小实验，并且了解了它的化学原理之后，让我们来了解一下真正的火山的化学知识吧！火山属于自然地貌的一种，是经过一系列的化学和物理过程形成的。地球内部产生的大量放射性物质会产生大量的热，热量聚集导致温度升高，把地下的岩石熔化。熔化后的大量熔融物质和它携带的固体物质在高温的作用下从地面喷涌而出，就形成了火山。

火山爆发的时候，喷射出来的除了火山灰、岩石、熔岩流和各种水溶液混合成的泥石流，还有碳、氢、氮、氟（fú）、硫等氧化物。

火山爆发对人类造成的伤害是非常可怕的，但是火山喷发出来的火山灰却是

化学加油站：
可怕的火山爆发

火山爆发能摧毁大量农田和生命，破坏交通；还可能引发地震、酸雨、泥石流、火灾、海啸，甚至遮住太阳，导致气温下降。火山爆发还会产生一些看不见的放射性物质，它们会危及人的生命，甚至造成飞机和轮船失事等。

很好的天然肥料，因此有很多居民愿意居住在火山脚下。比如，维苏威火山周围盛产葡萄，富士山一带的桑树长得很好。而且，火山爆发时会喷发出来大量的金属和非金属资源，如形成的铜、银、铁、硫等矿产；各种火山岩石，像乳石、火山灰、火山渣等非金属物质，都是优质的建筑材料，可以用来修机场、体育场等。

自制汽水：
二氧化碳的化学大课堂

不奇怪，不奇怪，今天的实验你一定会很喜爱！

我早就猜到了，你一定很爱喝汽水！尤其是炎热的夏天，要是来上一瓶冰冰凉凉的汽水，就太爽了！口味嘛，最好是酸酸甜甜的，对

吗？这好像并不难，超市里的汽水琳琅满目，满足你的一切需求。但是，学了这么多化学知识，你要不要试着自己做一杯汽水呢？美味又健康，快行动起来吧！

只用这些就可以做出一杯冰凉的汽水

咕噜～咕噜～

柠檬和小苏打的巧妙结合

实验难易指数： ⭐

要说做化学实验呀，家里的厨房简直就是宝藏，准备好白糖、小苏打、柠檬、白开水、杯子、小勺。

下面，正式开始实验喽！先切两片柠檬放进杯子里，用刀要小心，最好请妈妈来帮忙。再往杯子里加入适量白糖，白糖的多少可以根据自己的喜好决定哟。小苏打不要加太多，大概一小勺就可以了。把准备好的白开水倒入杯子里，静静地等一会儿。看到气泡了吗？赶紧尝尝吧！味道是不是很不错呢！

掌握了制作的基本方法，我们还可以做升级版的汽水呢，比如做苹果口味的、橙子口味的、青柠口味的……哇，是不是很想尝一尝呢！哦，对了，还可以冰镇哟。你可以先把白开水冰镇，或者做好以后把汽水放到冰箱里都可以。提醒你哟，放入冰箱里的汽水最好用带盖的杯子，否则二氧化碳气体跑光了，就影响口感了。

馋死我了，看起来好好喝。

动物吸入氧气，呼出二氧化碳

哇，离植物越近，氧气果然越充足。

二氧化碳——汽水的灵魂所在

制作汽水这么简单，你能用学到的化学知识分析一下，它蕴藏了什么化学原理吗？柠檬和白醋属于酸性物质，而小苏打属于碱性物质，当它们相遇就会发生化学反应，生成二氧化碳气体，所以会冒出小泡泡，这可是汽水的灵魂所在啦！

无处不在的二氧化碳

也许你会问："二氧化碳无处不在，为什么我没有见过呢？"这是因为呀，二氧化碳在常温、常压下是一种无色无味的透明气体，就像空气一样。虽然我们日常生活中不能用肉眼看见二氧化碳，但二氧化碳可是随时随地都和我们在一起呢。比如，我们呼吸的空气中，就含有 0.02% ~ 0.03% 的二氧化碳。

你听说过"生命在呼吸间"这句话吗？没错，就是在人类、动物、植物的呼吸之间也存在二氧化碳。不同的是，人和动物呼出的二氧化碳多，吸入的氧气多；而植物在光合作用下，呼出的氧气多，吸入的二氧化碳多。所以，在家里摆放绿植可以让空气变得新鲜，因为植物可以吸收人类呼出的二氧化碳气体，还可以带给我们呼吸需要的氧气。真是绝妙的

植物吸收二氧化碳，释放氧气

来吧，二氧化碳！

组合呀！

　　但是，除了大自然中本来存在的二氧化碳，人类生活的每一天都会产生大量二氧化碳。比如，工业生产，石油、煤炭的使用；再比如，和我们生活紧密相关的汽车、暖气、空调、天然气的使用等，就连电脑、冰箱、洗衣机都会间接释放二氧化碳；哪怕是我们日常使用的东西，或者餐桌上的食物，在加工、清洗、消毒、包装、运输、冷冻等过程中都会产生二氧化碳。

　　随着经济的发展，二氧化碳的排放量也在增加，这对人类可不是一件好事。因为二氧化碳的增加，会导致全球气候变暖，产生温室效应，从而造成冰川融化、海平面上升、海啸爆发，并间接导致地震的发生；全球气候变暖还会导致土地沙漠化、粮食减产等。所以，"低碳环保"人人有责，从你我身边的小事做起，身体力行地保护我们赖以生存的地球家园吧！

真是不好意思呀。

臭死了！你到底吃了什么啊！

化学加油站：
好多好多二氧化碳呀

　　全球 14.5% 的温室气体来自畜牧业。就拿牛来说吧，牛食草后，在肠胃消化会产生大量的甲烷，它引起温室效应的能量是二氧化碳的 23 倍。一头牛每长一千克肉就需要吃掉几千克的牧草。绿色植被减少，也是空气中二氧化碳含量增加的原因。

噗——

你好，我是胶水史莱姆。

多彩史莱姆：
胶水和硼砂的趣味结合

古古怪，古古怪，史莱姆宝宝真可爱！

相信许多小朋友都玩儿过史莱姆吧。史莱姆，源于英语单词"slime"，本意是软泥、黏（nián）液。作为一种虚构的软泥怪，史莱姆经常出现在电子游戏和奇幻小说里。不过，我今天要做的可不是游戏里的生物形象史莱姆，而是好玩儿的泥巴史莱姆，它又叫水晶泥、太空泥。2015年的时候，一个21岁的美国女孩卡丽娜在网上发布各种关于软泥的视频，深受大众的喜欢。一不小心，史莱姆以一种软泥成了网红泥。今天，让我们用奇妙的化学知识，自己动手，做一款史莱姆吧。

实验小贴士

★实验中应佩戴手套、口罩，实验结束后及时清洁双手。
★实验结束后，甘油应储于玻璃瓶中，放至低温、阴凉场所保存。
★实验应在成人的监督下进行。

创意史莱姆

实验难易指数：★★

看上去色彩斑斓（lán），摸上去软软、凉凉的史莱姆，简直太好玩儿了！因为它怎么揉搓都不

会坏，被称为"解压神器"。赶紧准备材料吧：无毒环保胶水、热水、纯甘油、硼（péng）砂水、色素、宽口塑料容器、搅拌棒。硼砂水要购买低浓度的，硼砂含量在2%左右的。记住哟，硼砂有毒，在实验过程中要戴好手套，做完实验或者玩过史莱姆之后，一定要洗手，千万注意安全，避免触手和入口。

首先，将胶水和热水以1：1的比例混合均匀；接着，加入甘油和喜欢的色素，搅拌均匀；然后，加入少量硼砂水，一边加入一边搅拌，如果不成形，就再加入少量硼砂水。一定要多搅拌哟，搅呀搅，搅呀搅……史莱姆就做好了。用手指戳（chuō）一戳，捏一捏，是不是软软的、凉凉的，很好玩儿呀！

如果想要做更为丰富的史莱姆，可以加入太空沙、超轻黏土、珠光粉、彩色泡沫颗粒、各种闪粉和气泡珠。

好软，好柔，水晶泥太好玩了。

硼砂水与胶水的可逆酯化反应

史莱姆被称为"解压神器"，深受大朋友、小朋友的喜欢，而硼砂水也被称为"神奇的药水"。其实呀，这不过是一种化学反应而已。胶水中通常含有聚乙烯醇（xī chún），硼砂的化学名称是硼酸钠（nà），硼砂水和胶水混合就会发生酯（zhǐ）化反应，硼酸钠和胶水中的聚乙烯醇分子形成交联的网状结构，从而形成了凝胶。而低含量的硼砂水与胶水中的聚乙烯醇相遇，是一个可逆酯化反应的过程。也就是说，这种交联网状结构可以重复断开和生成，这就是史莱姆软软的、富有弹性、随便揉搓都搓不坏的原因！

揭秘你不知道的硼砂

硼砂是一种呈白色粉末，可以溶于水、甘油的无机物。它主要来源于天然硼砂矿中。西藏、东北就有非常丰富的

误食硼砂的小朋友

坚持住！我们来救你了！

哦，不！又是一名硼砂中毒的儿童。

硼砂类矿产。硼还是蔬菜、水果生长的必需微量元素。当然啦，人体也离不开硼元素。微量的硼元素可以防止骨质疏松，促进钙的吸收、代谢。但是要注意哟，硼砂是有毒的，千万不要口服硼砂，1～3克硼砂就可以让一个成年人中毒，5克硼砂就可以让一个儿童丧失生命。《中华人民共和国食品卫生法》和《食品添加剂卫生管理办法》中明令禁止将硼砂作为食品添加剂使用。看到这儿，你一定紧张了吧！硼砂虽然可怕，但也是有很多用处的。比如，硼砂可以用于咽炎、急性扁桃体炎、中耳炎、牙龈（yín）炎等的治疗；能增加玻璃的透射率，提高玻璃的透明度和耐热性能；使搪（táng）瓷的瓷釉（yòu）看上去更闪亮并持久如新。

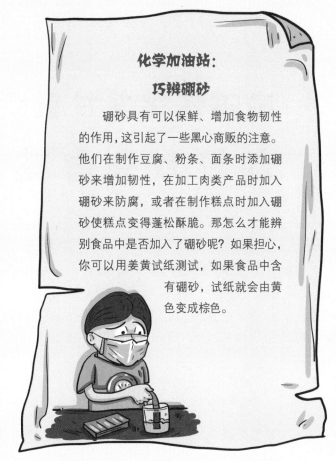

化学加油站：

巧辨硼砂

硼砂具有可以保鲜、增加食物韧性的作用，这引起了一些黑心商贩的注意。他们在制作豆腐、粉条、面条时添加硼砂来增加韧性，在加工肉类产品时加入硼砂来防腐，或者在制作糕点时加入硼砂使糕点变得蓬松酥脆。那怎么才能辨别食品中是否加入了硼砂呢？如果担心，你可以用姜黄试纸测试，如果食品中含有硼砂，试纸就会由黄色变成棕色。

硼砂可以提高玻璃透射率

硼砂能让瓷器的釉色更加鲜亮

哎哟，又长了一颗痘痘。

酸碱侦探紫甘蓝：
超能力来自花青素

太奇怪，太奇怪，紫甘蓝原来这么厉害！

大名鼎鼎的侦探柯南你一定听过，但是蔬菜界的酸碱侦探——紫甘蓝，你就不一定知道了！哈哈，没错，化学的奇妙好玩儿之处，就在于它一直巧妙地存在于我们的生活中。紫甘蓝的本事，可不只局限于长得漂亮和拌出一盘可口的蔬菜沙拉呀！它在化学界也是小有名气的。它像是隐藏在生活中的化学侦探，能告诉你一些食品的酸碱性，很有酸碱指示剂的风范！不信，一起做个实验，了解一下它吧！

不得了，是紫甘蓝大侦探，我的身份要暴露了！

可恶，它果然来了。

当众泡澡，不害羞！

实验小贴士

★用刀应注意安全，可请成人协助或在成人的监督下进行。

化学世界的罪恶克星——紫甘蓝大侦探

是酸？是碱？

实验难易指数：★★★

小朋友们，请移步到妈妈的厨房，准备一只大碗、四个玻璃杯、一根筷子（当搅拌棒）、一杯温水、一根滴管，再准备一颗紫甘蓝、一个柠檬、一些白糖和一些小苏打。实验正式开始了！磨刀不误砍柴工，先请妈妈帮忙切适量紫甘蓝，放入准备好的温水里，让它泡个澡。

趁着紫甘蓝泡澡的工夫，我们来给四个玻璃杯中加入少量清水，然后在前三个杯子里依次加入柠檬汁、白糖、小苏打，第四个杯子就什么都不要加了。为了防止弄混，最好给每个杯子贴上标签。观察发现，四个杯子中的水依然是无色透明的。

好了，紫甘蓝出浴的时间到喽！将紫甘蓝放到妈妈的菜筐里，完全不会耽误它成为一盘可口的沙拉。留下它的"泡澡水"。别担心，它的"泡澡水"可干净着呢，

真是辣眼睛啊！

泡个澡，顺便还能把案子办了。怎么样，我厉害吧？

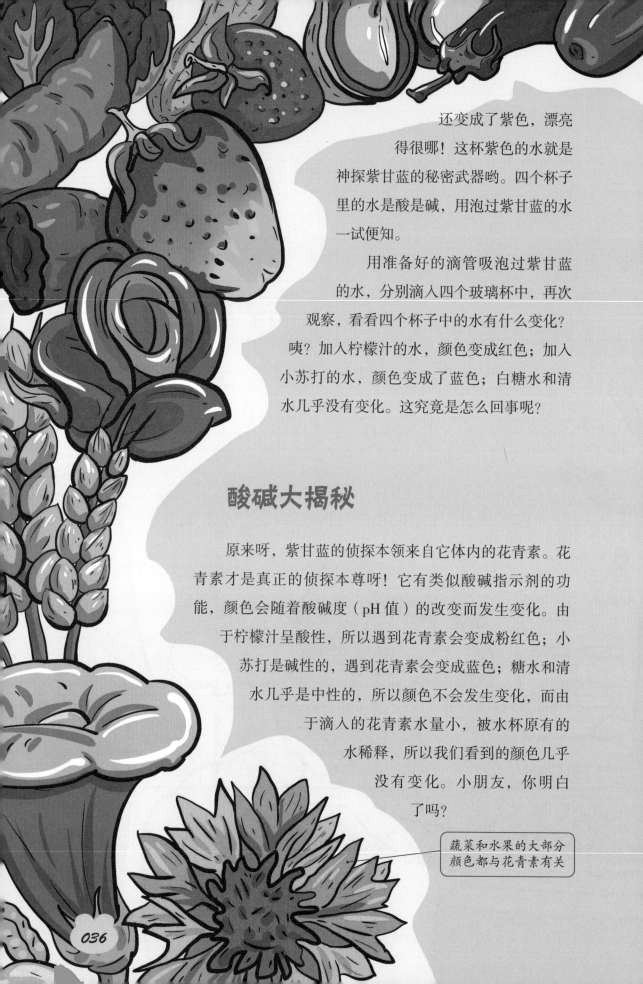

还变成了紫色，漂亮得很哪！这杯紫色的水就是神探紫甘蓝的秘密武器哟。四个杯子里的水是酸是碱，用泡过紫甘蓝的水一试便知。

用准备好的滴管吸泡过紫甘蓝的水，分别滴入四个玻璃杯中，再次观察，看看四个杯子中的水有什么变化？

咦？加入柠檬汁的水，颜色变成红色；加入小苏打的水，颜色变成了蓝色；白糖水和清水几乎没有变化。这究竟是怎么回事呢？

酸碱大揭秘

原来呀，紫甘蓝的侦探本领来自它体内的花青素。花青素才是真正的侦探本尊呀！它有类似酸碱指示剂的功能，颜色会随着酸碱度（pH 值）的改变而发生变化。由于柠檬汁呈酸性，所以遇到花青素会变成粉红色；小苏打是碱性的，遇到花青素会变成蓝色；糖水和清水几乎是中性的，所以颜色不会发生变化，而由于滴入的花青素水量小，被水杯原有的水稀释，所以我们看到的颜色几乎没有变化。小朋友，你明白了吗？

> 蔬菜和水果的大部分颜色都与花青素有关

花青素有哪些超能力？

花青素还有一个名字：花色素。它可是存在于很多植物中的天然色素。水果、蔬菜和花朵的大部分颜色都和花青素有关。在不同的酸碱度里，花青素可以让花瓣呈现不同的颜色。

常见的水果葡萄、血橙、蓝莓、樱桃、草莓、桑葚、山楂中都含有丰富的花青素，还有紫薯、紫甘蓝、茄子以及大麦、高粱、花生仁的包衣、豆类等中也含有大量花青素。尤其是茄子，带皮吃才能更好地保留它的花青素哟。科学家还发现，在葡萄籽、葡萄皮和松树皮中提取的花青素含量很高。哦？难道这才是"吃葡萄不吐葡萄皮"的真正原因吗？

花青素还是妈妈和爷爷奶奶的最爱。首先，它有"抗氧化之王"的美誉，可以清除人体中的自由基，从而起到抗衰老和美容美颜的效果。其次，它还是很好的养生保健品，可以提高人体血液当中的脂肪蛋白，预防冠心病、糖尿病等疾病的发生，起到预防多种慢性代谢性疾病的作用。哦，对了，花青素还有缓解疲劳、提高视力的作用，所以小朋友也要多吃一些带有花青素的食物哟。

不仅如此，花青素作为天然色素，是食品、饮料很好的着色剂呢。科学家还发现，花青素还是食品的营养强化剂、防腐剂。

花青素的超能力可真多，真是个多能小天才呀！

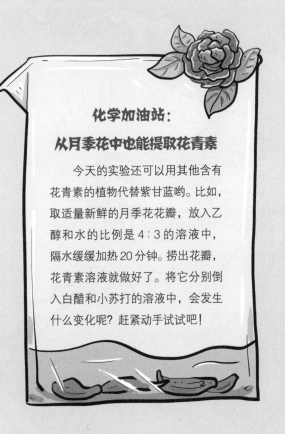

化学加油站：
从月季花中也能提取花青素

今天的实验还可以用其他含有花青素的植物代替紫甘蓝哟。比如，取适量新鲜的月季花花瓣，放入乙醇和水的比例是 4：3 的溶液中，隔水缓缓加热 20 分钟。捞出花瓣，花青素溶液就做好了。将它分别倒入白醋和小苏打的溶液中，会发生什么变化呢？赶紧动手试试吧！

超级大牙膏：
强氧化剂兄弟的配合战

古古怪，古古怪，牙膏还能这样挤出来！

每天刷牙都会挤牙膏，似乎没什么新鲜的。但是你见过突然喷发、巨大无比的"化学牙膏"吗？嗯……有人说它是"大象的牙膏"，我觉得给它一个宽口容器，说不定做出来的"牙膏"可以给恐龙用！扶住你的眼镜，实验这就开始了！

> 我爱刷牙，牙齿好好~喂！再来点牙膏。

高锰酸钾和双氧水的惊人场面

实验难易指数： ⭐⭐

准备好一个高一点的瓶子，如矿泉水瓶、烧杯或者其他更宽口的玻璃杯。杯口的宽度决定

> 喷涌而出的"大象牙膏"

了一会儿"超级牙膏"的粗细程度。接下来，准备适量的清水、一瓶低浓度双氧水（过氧化氢浓度为3%）和一些洗洁剂，再从药店买一盒高锰（měng）酸钾片，实验材料就准备齐全了。需要注意的是，不要将高锰酸钾和酒精、甘油等其他有机化合物一起存放。另外，高锰酸钾的颜色不容易清洗，做实验的地方要选好哟。做试验前，请武装好自己，安全第一！

开始做实验了！把清水倒进准备好的杯子里，加入高锰酸钾搅拌一下，再加入洗洁剂搅拌均匀。一切就绪，该双氧水上场了。做好心理准备，"超级大牙膏"要喷发了！把双氧水缓缓地倒进杯子里，不用太多……哇，"超级大牙膏"喷出来了。很粗很长的"大牙膏"源源不断地从杯口涌出，有的地方还带有紫色，很好看呢！是不是觉得非常震撼、非常过瘾（yǐn）呢？提醒你哟，这可不是真的牙膏，不能用来刷牙，哪怕大象和恐龙也不可以用呀！

超级大牙膏的秘密

哈哈，看到这么壮观的场面，

实验小贴士

★实验应选在空旷易清理的场所，并佩戴好防护手套。
★实验选用的双氧水浓度不应超过3%。
★实验应在成人的监督下进行。

按时刷牙是我保持牙齿坚固洁白的秘方。

喂，这可不是真的牙膏。

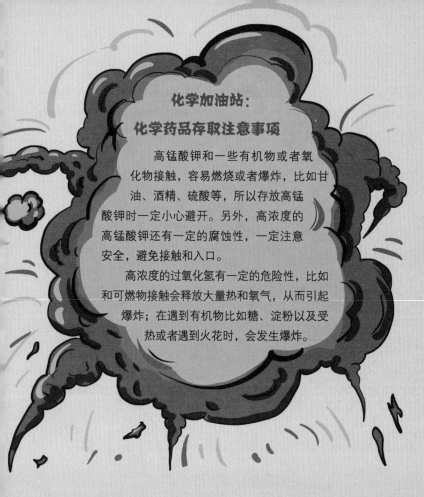

化学加油站：

化学药品存取注意事项

高锰酸钾和一些有机物或者氧化物接触，容易燃烧或者爆炸，比如甘油、酒精、硫酸等，所以存放高锰酸钾时一定小心避开。另外，高浓度的高锰酸钾还有一定的腐蚀性，一定注意安全，避免接触和入口。

高浓度的过氧化氢有一定的危险性，比如和可燃物接触会释放大量热和氧气，从而引起爆炸；在遇到有机物比如糖、淀粉以及受热或者遇到火花时，会发生爆炸。

你一定很想知道其中的秘密吧。这究竟是什么化学原理呢？其实这支"超级大牙膏"是由高锰酸钾、双氧水和洗洁剂合作完成的。高锰酸钾和双氧水都是强氧化剂，当它们在中性或碱性条件下相遇时，会生成二氧化锰、氢氧化钾、氧气和水，并产生大量泡沫，因为洗洁剂的加入，所以会有丰富的泡沫像挤牙膏似的从瓶子里涌出。实验原理听起来很简单，但是高锰酸钾和双氧水这对强氧化剂兄弟可都不一般哪！

强氧化兄弟高锰酸钾和双氧水

虽然高锰酸钾和双氧水都是强氧化剂，但它们各有本领。高锰酸钾是黑紫色的晶体。实验中用到的是高锰

啊！对对对，你最棒。

谁还不会消个毒啊，我还会漂白呢！

酸钾的药片，是医用杀菌药，浓度较低。低浓度的高锰酸钾有很多作用，如抗菌除臭、收敛止血等。在日常生活中，低浓度的高锰酸钾可以用来给水果、餐具消毒。哦，对了，如果在 500 毫升的水里加入 1 片高锰酸钾片，稀释后给土壤消毒的效果很好。下次妈妈种花或者给绿植换盆土的时候，不妨试一试哟。

实验中用到的双氧水是无色透明的，它是过氧化氢的水溶液，浓度只有 3%；而纯的过氧化氢是淡蓝色的黏稠液体。我们平时接触的低浓度双氧水可以杀死很多病菌，帮助医生消毒医疗器械，还可以清洗伤口，在食品生产过程中也可以对果汁、啤酒的包装和容器进行消毒。另外，它还是很好的漂白剂。比如，你现在正在读书的纸张，很可能是被双氧水消毒过、漂白过的呢！全世界大概有一半的双氧水用在了纸浆、纸张的漂白和消毒上。

叽里咕噜，花盆的土啊，消毒！

会魔法的高锰酸钾精灵

好清爽的感觉！浑身充满了力量！

神秘图画：
亚铁氰化钾和亚铁氰化铁

不奇怪，不奇怪，这样的画画方法一定要学起来！

图画，想必你一定看了很多了，似乎没什么可以吸引你的地方。但是，今天的化学实验带给你的画作一定会让你大开眼界，惊叹不已的。因为呀，这幅画从表面上看就是一张白纸，没什么特别的，但是当它遇到一种特殊的化学试剂时，它就会出现漂亮的图案。这究竟是怎么回事呢？一起来看看吧！

神秘的图画表演现场

实验难易指数：⭐⭐⭐

嘿嘿，这个化学实验虽然本质是化学元素之间的反应，但是过程却很神秘。你可以把它当作一个表演，展示给同学。

首先，取一张白纸、两根棉签，再

咻咻～

现形吧！神秘图画。

装有三氯化铁溶液

准备好亚铁氰（qíng）化钾溶液、硫氰化钾溶液，接下来就是展示你绘画本领的时候了。

拿一根棉签蘸一点亚铁氰化钾溶液，在纸上画出波涛汹涌的海浪；然后用另外一根棉签蘸硫氰化钾溶液，画一艘巨轮。画得生动一点儿！

图画完成了吗？静静地等它晾干吧。晾干后，你得到的仍然是一张白纸。是的，你没有听错，它仍然是一张白纸。出色的绘画技术就这么"被晒没了"吗？当然不会，别着急，这只是在制造"神秘"。

拿着你的白纸请同学们仔细看清楚，然后开始你的表演吧！戴好口罩和护目镜，把事先准备好的装有三氯化铁溶液的小喷瓶拿出来，对着图画轻轻一喷……蓝色的海洋、红褐色的巨轮是不是跃然纸上了？

用硫氰化钾溶液绘制的巨轮，显出红褐色

用亚铁氰化钾溶液绘制的海洋，显出蓝色

哎哟，还真被他发现了。

实验小贴士

★实验时须穿戴防护服、手套、口罩和护目镜，禁止用手直接接触化学药剂。

★实验结束后，废液须回收处理，溶液均需要密封干燥避光保存。

★实验应在成人的监督下进行。

左右逢源的三氯化铁

在表演的过程中，你可能已经猜到其中是怎么回事了。没错，这是三氯化铁与亚铁氰化钾和硫氰化钾两种溶液的化学反应：与前者相遇，会生成亚铁氰化铁。亚铁氰化铁是蓝色的，所以用它表示大海再合适不过了；与后者相遇，会生成红褐色的硫氰化铁。左右逢源的三氯化铁同时与两种化学溶液发生反应，还组合成一幅漂亮的图画，真是太巧妙了！

亚铁氰化钾和亚铁氰化铁

乍看这个标题，是不是有点儿眼晕？这可不是故意制造眼晕的效果，更不是写错字了。它们能产生连接是由于各自的特性和奇妙的化学反应产生的。

先来说一说亚铁氰化钾，它可不是陌生的存在。不信，请移步妈妈的厨房，看看食盐包装袋上的成分中有没有亚铁氰化钾？如果没有，那就去超市看看吧。你会发现，琳琅满目的食盐品牌中，大多数的成分表中都会写有"亚铁氰化钾"或者"抗结晶剂"。

亚铁氰化钾是一种食盐抗结晶剂，是一种无机物。纯的亚铁氰化钾是淡黄色的

超厉害的油画艺术家

亚铁氰化钾可以生成亚铁氰化铁，在颜料、油墨、彩釉等领域都有它的身影

每天都有好多兄弟被你吃掉，居然不认识我们！

亚铁氰化钾是个什么东西？

食盐中的亚铁氰化钾微粒

结晶粉末。它最大的特性就是抗结晶。也就是说，在食盐中加入亚铁氰化钾，可以防止食盐出现板结成块的现象。听起来似乎可有可无，毕竟不加亚铁氰化钾的食盐，并不会十分影响食用。但它是国家食品安全规定允许的食品抗结晶剂，最大使用量是 0.01 毫克 / 每千克。虽然它有一定的毒性，但毒性很低。

它还可以作为颜料用于纤维染色中。它和铁盐相遇，会生成亚铁氰化铁。亚铁氰化铁离我们也并不遥远，比如，油画颜料、印刷的油墨、油漆以及陶瓷上的彩釉中，都有它的身影。

化学加油站：

普鲁士蓝

普鲁士蓝其实就是亚铁氰化铁。它是由德国一个制造涂料的工人迪斯巴赫发现的。迪斯巴赫的老板为了能卖高价，将这种颜料的制作方法保密起来，并给它取了"普鲁士蓝"的名字。曾经的德国普鲁士军队穿的制服，就是用这种颜色染制的。

流光溢彩的熔岩灯

漂亮的熔岩灯：
白醋和小苏打的奇思妙想

不奇怪，不奇怪，这么可爱的化学实验谁不爱？

还记得"小火山"爆发的实验吗？当火山爆发的刹那，有大量的岩石熔化，变成火红的岩浆喷涌而出。今天我们要做的实验就很有红色岩浆喷涌的样子，不过又多了许多温和，甚至美好，因为它真的很漂亮。实验很简单，赶紧行动起来吧！

真的好像火山喷发的熔岩啊。

咔嚓~

给你们拍个美照。

翻滚吧，熔岩

实验小贴士

★食用油可适量增加，实验效果会更加华丽哦。

实验难易指数：⭐⭐

再次借用妈妈的厨房吧，那简直是一个神奇的宝地。准备好食用油、小苏打、白醋、两个玻璃瓶、一瓶红色的色素，如果再准备一支手电筒就更好了。先往玻璃杯中倒入一些小苏打，然后加入食用油。在另外一个杯子里加入一些白醋，再滴几滴红色色素，搅拌一下。接下来，将滴入色素的白醋倒入玻璃瓶中。翻滚吧，漂亮的熔岩！

只见瓶底产生大量气泡，裹挟着红色的色素向上翻滚，听一听，还有"嗞嗞"的声音。如果拿到阳光下或者在瓶底放一支手电筒，熔岩灯会变得更加漂亮。如果喜欢，还可以分别用不同色素多做几个，简直太美了！

二氧化碳的华丽表演

小苏打、白醋和色素的密度都比油大，并且都不溶于油，所以小苏打、白醋和色素都会沉入

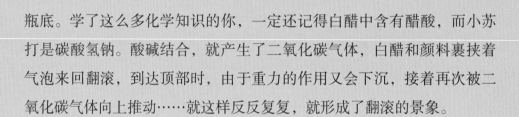

列车、地铁的车身可以用干冰清洗？没错，将干冰放进清洗器中，用喷枪喷射出干冰颗粒，用高压气流加速冲击需要清洗的部件，干冰会和部件表面附着的污垢微型颗粒形成微型爆炸，从而使污垢收缩或者松脱，达到清洗的效果。

瓶底。学了这么多化学知识的你，一定还记得白醋中含有醋酸，而小苏打是碳酸氢钠。酸碱结合，就产生了二氧化碳气体，白醋和颜料裹挟着气泡来回翻滚，到达顶部时，由于重力的作用又会下沉，接着再次被二氧化碳气体向上推动……就这样反反复复，就形成了翻滚的景象。

二氧化碳的分身——干冰

关于二氧化碳，我们已经了解很多了。但是你知道吗？二氧化碳还有一个分身——干冰！干冰也就是固态二氧化碳。干冰离我们并不遥远，比如舞台表演。很多大型的晚会上都有干冰的身影，舞蹈演员的曼妙舞姿被干冰烟雾缭绕的效果衬托，就更加生动了。再比如很多电视剧的场景中也经常出现干冰的身影，经典的《西游记》你一定看过，是不是有很多次出现

舞台上常见的干冰烟雾

咋！妖怪哪里走！

砰～

云雾缭绕的场景呢？还有，当你去餐厅吃饭的时候有没有遇到过烟雾缭绕的菜肴？这不仅让菜肴显得很有意境，也让人迫不及待地想尝一尝。还有葡萄酒、鸡尾酒中加入干冰，不仅清凉可口，还能制造烟雾弥漫的特殊意境。

你可能会问，为什么加入干冰会出现云雾缭绕的景象，会让酒变得清凉可口呢？这是因为，干冰是二氧化碳的固体形态，本质上还是二氧化碳。干冰在常温下会直接升华成二氧化碳气体。二氧化碳升华时会带走大量热量，这会让周围空气的温度降低，所以酒才会变得清凉可口；而周围空气中的水蒸气因为降温凝结成小水滴，所以就出现烟雾缭绕的效果。干冰还可以用作冷冻食品的保鲜剂、人工降雨的冷制剂呢。

你一定很想知道，作为二氧化碳的分身——干冰是怎么形成的吧？二氧化碳气体在 6000 多帕的压力下能变成液体；然后继续加压，就会迅速凝固成固体。干冰的温度非常低，大概在零下 78.5℃。皮肤如果接触到它，很容易冻伤，更不能放进口中。请小朋友一定要注意，千万不要轻易接触干冰哟！

用干冰保鲜的蛋糕

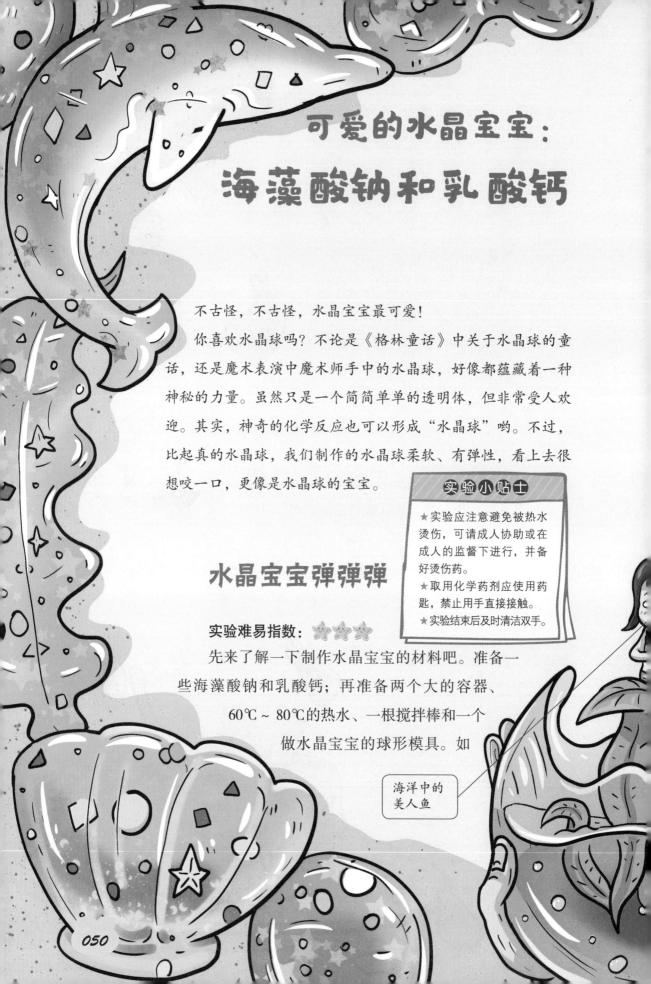

可爱的水晶宝宝:
海藻酸钠和乳酸钙

不古怪,不古怪,水晶宝宝最可爱!

你喜欢水晶球吗?不论是《格林童话》中关于水晶球的童话,还是魔术表演中魔术师手中的水晶球,好像都蕴藏着一种神秘的力量。虽然只是一个简简单单的透明体,但非常受人欢迎。其实,神奇的化学反应也可以形成"水晶球"哟。不过,比起真的水晶球,我们制作的水晶球柔软、有弹性,看上去很想咬一口,更像是水晶球的宝宝。

水晶宝宝弹弹弹

实验难易指数:★★★

先来了解一下制作水晶宝宝的材料吧。准备一些海藻酸钠和乳酸钙;再准备两个大的容器、60℃~80℃的热水、一根搅拌棒和一个做水晶宝宝的球形模具。如

> ### 实验小贴士
> ★实验应注意避免被热水烫伤,可请成人协助或在成人的监督下进行,并备好烫伤药。
> ★取用化学药剂应使用药匙,禁止用手直接接触。
> ★实验结束后及时清洁双手。

海洋中的美人鱼

果再准备一点儿色素，做出来的效果更好哟。

先往一个容器中倒入 240 毫升热水，注意别烫到手哟，可以请妈妈帮忙。然后加入 10 克海藻酸钠进行搅拌。要有耐心哟，搅拌的时间有点长。当你发现海藻酸钠全部溶解成黏稠透明的胶状，基本就好了。如果有色素，可以分别准备几个容器，每个容器加入不同颜色的色素，最后分别装入溶化了的海藻酸钠。接下来，另外准备 1 升冷水，加入 15 克的乳酸钙，搅一搅，让乳酸钙完全溶解。

拿出水晶球模具，用小勺装入海藻酸钠溶液，要把模具装满哟。装的时候小心一点儿，溶化了的海藻酸钠很黏稠，别把它弄得到处都是。将模具放到乳酸钙的溶液中，静置 5 秒钟，然后轻轻晃几下，让模具中的海藻酸钠轻轻脱落并沉入溶液底部。大概 5 分钟之后，水晶宝宝就做好了。

摸一摸，软软的；轻轻一扔，还能弹起来。晶莹剔透的水晶宝宝简直太可爱了。

嗨！我是水晶宝宝。

如果再加入各种色素，五颜六色的水晶宝宝就更漂亮啦。你还可以发挥想象力，比如在溶化的海藻酸钠中加入闪粉、亮片，制作更梦幻漂亮的水晶宝宝呢！

海藻酸钠和乳酸钙可爱的化学反应

可爱的水晶宝宝背后，蕴藏着一个可爱的化学反应哟！海藻酸钠是从藻类植物中提取出来的，比如，从海带中就可以提取海藻酸钠。它无毒、可食用。而乳酸钙是一种补钙剂。当海藻酸钠和乳酸钙在水中相遇的时候，海藻酸钠中的海藻酸盐和钙离子发生化学反应，生成海藻酸钙凝胶。正是这层凝胶把胶质的海藻酸钠包裹起来，形成了水晶宝宝富有弹性又不失柔软的可爱特性。

天然多糖海藻酸钠

聪明的你从名字就会猜到，海藻酸钠多半和海藻有关。没错。它是从褐藻类中提取出来的，是一种天然多糖。比如海带、裙带、马尾藻、巨藻里都可以提取出海藻酸钠。它在水中溶解会变得非常黏稠，所以可以替代淀粉、凝胶等，

海藻酸钠可以让果冻和水晶软糖变得更有弹性

海藻酸钠可以让番茄酱变得浓稠

化学加油站：

小乌龟水晶宝宝

用实验里的方法制作一只小乌龟水晶宝宝吧。取一个制作小乌龟的模具；将融化的海藻酸钠分装成几个杯子，染上绿色、黑色，你也可以根据自己的喜好搭配颜色哟。把染好色的海藻酸钠装进糖压瓶中，先在模具中挤入黑色的海藻酸钠，做乌龟的头、腿和龟壳的花纹。然后再用绿色的颜料染满整个模具。和实验步骤一样，将小乌龟轻轻送入乳酸钙溶液中，然后轻轻摇晃，等待一会儿，小乌龟就做好了。如果觉得小乌龟太软，可以在乳酸钙溶液中多泡一会儿。

好大一管番茄酱，够吃一年了！

用在各种食品中，具有增稠剂、乳化剂、稳定剂的作用和效果。

比如，你平时吃的冰激凌就有可能含有海藻酸钠哟。因为海藻酸钠可以使冰激凌口感柔滑，还可以防止冰激凌因为温度的变化而出现变形现象，也就是说，可以让冰激凌一直保持一个平滑好看的形象。还有一些饮品，比如在冰冻牛奶、果子露中加入海藻酸钠，也会起到增稠的作用。如果海藻酸钠被用在奶酪、干乳酪中，则可以防止食品和包装粘连。

还有，像你经常吃的果冻、布丁、水晶软糖、果酱、番茄酱中，都很有可能含有海藻酸钠。哪怕是制作挂面、粉丝、米粉，添加海藻酸钠都可以使它们变得更有弹性，不容易断裂呢。再比如，面包、蛋糕的装饰涂层都有可能含有海藻酸钠哟。海藻酸钠是不是很厉害呀！

枝繁叶茂的圣诞树：
磷酸二氢钾的第二次生命

不奇怪，不奇怪，这样的圣诞树一定会把你惊呆！

我们知道，圣诞节是西方国家最传统、热闹的节日，就好比中国的春节一样。中国人过春节有春联、鞭炮和红灯笼，而西方人过圣诞节必定离不开圣诞树啦。今天我们就用植物营养液来"种"一棵圣诞树吧。什么？植物营养液和圣诞树有什么关系？难不成用来给它施肥吗？哈哈，往下看，你就清楚了！

一起来"种"圣诞树

实验难易指数：★★☆

如果妈妈刚好种花，可以问问她家里有没有磷酸二氢钾的植物营养液。如果没有，去花店应该可以买到。除此之外，再准备一块硬纸片、

实验小贴士

★实验中应佩戴手套及护目镜。

★使用剪刀须注意安全，可请成人协助或在成人的监督下进行。

★磷酸二氢钾应密封干燥避光保存。

一瓶绿色色素、一支铅笔、一把安全剪刀、一个圆形托盘。实验材料准备齐全，就正式开始实验吧！

在纸上画出圣诞树

剪出三个圣诞树纸片

第一步，用铅笔在硬纸片上画出一棵圣诞树的形状，用剪刀剪下来，然后再剪下两个同样大小的圣诞树。第二步，拿出其中一张圣诞树纸片，沿着中心轴从树根向上剪一刀，再剪出一条细缝，不要完全剪断哟。第三步，把另外两张圣诞树纸片从顶端向下剪一条细缝。第四步，把三张圣诞树纸片组装成一棵圣诞树，并把每一张树片的边缘染成绿色。第五步，把圣诞树立在盘子里，并在每一棵树的边缘淋上磷酸二氢钾的植物营养液，剩下的营养液倒入盘子中。

组装后用色素染色

到这里，实验步骤就全部结束了，接下来就耐心地等待吧。到了第二天，你会发现，哇，圣诞树像开花了一样，绿油油的，一片枝繁叶茂的景象。给它装饰一下吧，会更加好看。

在圣诞树边缘淋上磷酸二氢钾植物营养液

郁郁葱葱的圣诞树

当纸片圣诞树被淋上磷酸二氢钾溶液，并经过磷酸二氢钾溶液浸

装盘等待一天之后

泡后，圣诞树就会布满磷酸二氢钾溶液，而磷酸二氢钾溶液中的水分最先蒸发，磷酸二氢钾就会在树上慢慢结晶了。加了绿色的颜料会让结晶变成绿色，远看像极了郁郁葱葱的圣诞树。你还可以尽情创作，制作其他颜色的树木哟。

植物最喜欢的磷酸二氢钾

漂亮的圣诞树似乎让磷酸二氢钾这种化学物质也变得鲜活起来。不过，磷酸二氢钾真正意义上的第二次生命，都藏在植物里了。因为磷酸二氢钾经常被当作一种磷钾复合肥使用，是植物名副其实的"营养液"，号称"全能肥"。它可以促进植物对氮、磷元素的吸收，还能促进光合作用，提高花果的品质，是植物的最爱。

磷酸二氢钾里面有磷和钾两种重要元素，可以帮助植物根系变得发达，尽可能多地分化花芽，开更多的花。所以，对于结果类植物和开花观赏性植物来说，磷酸二氢钾简直太棒了。如果在果实生长的过程中提供磷酸二氢钾，还会有效提升果实的糖分和水分，不仅让果实增产，还能提高果实的质量。通俗点儿说，磷酸二氢钾会让果实变得更

馋死了，快掉，快掉啊。

用了磷酸二氢钾，玉米长得又大又饱满

甜、更大，吃起来更可口。快看看妈妈从超市买来的水果是不是非常漂亮，吃起来香甜可口呀？说不定就有磷酸二氢钾的功劳呢！

对于玉米、小麦、棉花等植物，磷酸二氢钾还有抗倒伏、防止病虫害等功效呢。它还能防止植物生长后期根系因老化而不能有效吸收营养的问题，也就是可以让根系尽可能地保持年轻的状态。

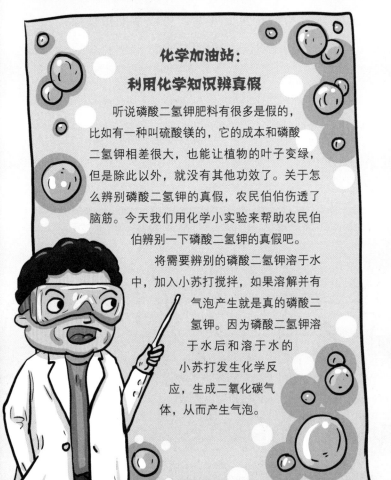

化学加油站：
利用化学知识辨真假

听说磷酸二氢钾肥料有很多是假的，比如有一种叫硫酸镁的，它的成本和磷酸二氢钾相差很大，也能让植物的叶子变绿，但是除此以外，就没有其他功效了。关于怎么辨别磷酸二氢钾的真假，农民伯伯伤透了脑筋。今天我们用化学小实验来帮助农民伯伯辨别一下磷酸二氢钾的真假吧。

将需要辨别的磷酸二氢钾溶于水中，加入小苏打搅拌，如果溶解并有气泡产生就是真的磷酸二氢钾。因为磷酸二氢钾溶于水后和溶于水的小苏打发生化学反应，生成二氧化碳气体，从而产生气泡。

如果说一棵圣诞树赋予了磷酸二氢钾生命，那真正延续磷酸二氢钾生命的就是众多的植物了。它让花儿繁盛鲜艳，让粮食丰收多产，让植被葱郁茂盛；它是植物的最爱，是养花人的最爱，更是农民伯伯的最爱。从某种意义上说，它离我们的生活并不遥远，不是吗？

水中花园：
能种"珊瑚"能防火的硅酸钠

古古怪，古古怪，这丛珊瑚居然不是来自大海！

做了这么多化学小实验，你喜欢上化学了吗？它有趣、神奇，甚至可爱。今天，我们一起来探索一下化学的绚烂和美丽，制造一丛水中珊瑚吧。是的，你没有听错哟，是色彩斑斓的珊瑚，一点儿都不比海里的真珊瑚逊色呢。

建造水中花园

实验难易指数： ★★★★★

今天要准备的实验材料比较多，请一

> 通过化学实验创造的水中花园

> 这些珊瑚怎么看起来怪怪的？

实验小贴士

★ 实验中应佩戴手套、口罩、护目镜。

★ 取用化学药剂应使用药匙，禁止用手直接接触。

★ 实验应在成人的监督下进行。

★ 实验结束后，废液应回收处理，不可倒入下水道。

★ 药剂均应密封干燥避光保存。

定要记清楚。我们需要的材料有：硅酸钠、热水、搅拌棒、药匙、硫酸铜、硫酸亚铁、氯化锌、氯化锰、氯化钴、氯化铁、硫酸镍。此外，再准备一个大的烧杯，或者一个玻璃器皿当作花园。

材料都准备齐了，就正式开始建喽！首先用药匙拿取适量硅酸钠加入热水中，配置成浓度为 30% 的硅酸钠溶液，别忘了搅拌，直到硅酸钠全部溶化，溶液变得清澈透明为止。

花园离不开漂亮的植物，接下来，我们就给花园种上五彩斑斓的植物吧。在硅酸钠溶液中依次加入硫酸铜（深蓝色）、硫酸亚铁（浅绿色）、氯化锌（白色）、氯化锰（粉色）、氯化钴（玫红色）、氯化铁（铁锈色）、硫酸镍（绿色）。

美丽值得期待，静静等待的同时别忘了观察水中植物的变化哟。你会看到各种颜色的"植物"从水下慢慢地生发枝丫，大概半个小时，一丛漂亮的珊瑚就建造完毕了。

硅酸钠和金属盐的反应

简直太惊人了！这么漂亮的景象，是不是很像海底的珊瑚呢。这些化学元素之间究竟发生了什么奇妙的反应呢？原来呀，

你笨哪！这是小主人的新作品。

硅酸钠溶液和金属盐类的物质相遇，会生成硅酸盐胶体，因为硅酸盐胶体很难溶于水，所以会形成半透明膜；当水不断渗入膜内，又会生成新的胶状硅酸盐。就这样反复渗透，使得硅酸盐长成了发芽或者树枝的形状。再加上不同的金属盐会有不同颜色，所以色彩也就丰富起来，看起来很像一座水中花园，更像是海底的珊瑚。

本领广大的硅酸钠

硅酸钠有两种性状：一种是固体，看上去是有点淡蓝色的透明玻璃体；另外一种是液体，通常是透明的，稍微有一点黏稠。硅酸钠可以溶于水，俗称"水玻璃"。硅酸钠可以说是本领广大，首先，它可以作为黏合剂使用，如用来黏合玻璃、陶瓷、木材等。它还是金属的防腐专家呢。如

接下来去哪里再栽几株呢？

种"珊瑚"高手硅酸钠

果把水玻璃涂在金属表面，可以防止金属因外界的酸碱而受腐蚀，是很好的金属防腐剂。

如果说"水中珊瑚"的实验是硅酸钠在"种珊瑚"，那防火就是它的另外一大本领了。它能像防火墙一样阻止燃烧，所以经常用于制造耐火材料。此外，它还可以用来制造耐酸水泥、快干水泥，纺织品的助染、漂白和浆纱也离不开硅酸钠呢。

哎呀，别淘气了小火苗。

灭火英雄硅酸钠

说了这么多，你觉得硅酸钠离我们的日常生活有点儿远，是吗？那举几个和我们日常生活比较接近的例子吧！洗衣粉和肥皂是生活中常见的清洁用品，它们的制作就离不开硅酸钠呢。因为它可以缓冲洗衣皂的碱性，还能防止肥皂的酸败，增强肥皂的洗涤能力。其实生活中遇到的硅胶制品，它们的成分也离不开硅酸钠。怎么样？说硅酸钠本领广大，一点儿没错吧！

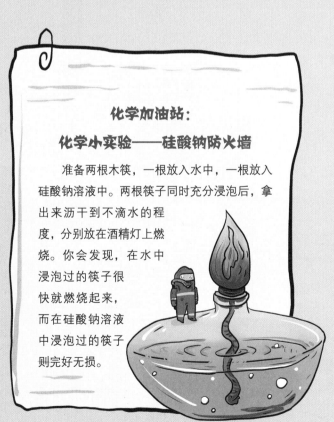

化学加油站：

化学小实验——硅酸钠防火墙

准备两根木筷，一根放入水中，一根放入硅酸钠溶液中。两根筷子同时充分浸泡后，拿出来沥干到不滴水的程度，分别放在酒精灯上燃烧。你会发现，在水中浸泡过的筷子很快就燃烧起来，而在硅酸钠溶液中浸泡过的筷子则完好无损。

无声的交警：
会变色的靛蓝胭脂红

真奇怪，真奇怪，交通警察们看过来，比比到底谁厉害！

说到交警，我们再熟悉不过了，他们是负责交通秩序管理和交通事故勘察的人民警察。我们能安全有序地出行，离不开他们。而红绿灯，作为一个无声的交警，更是常见。它不停地变化着颜色，提醒人们"红灯停，绿灯行，遇见黄灯等一等"。其实，化学界也有一个无声的交警，它和现实中的红绿灯一样，不仅能变化颜色，就连颜色的种类都一样。简直太神奇了，赶紧来看看吧！

已经等了三天绿灯了

站住！没看见是红灯吗！

哔——

哎哟！

扑通

化学红绿灯

实验难易指数： ★★★

实验小贴士

★实验中应佩戴手套、护目镜及口罩。

★取用氢氧化钠应使用药匙，禁止用手直接接触。

★氢氧化钠应密封干燥避光保存，远离火种、热源。

★废液应回收处理，不可倒入下水道。

★实验应在成人的监督下进行。

想要制作"红绿灯"，关键是靛蓝胭脂红，再配合氢氧化钠和葡萄糖，效果就会完全呈现出来了。注意哟，氢氧化钠是一种强碱，腐蚀性很强，要轻拿轻放，避免和皮肤接触；实验的过程中一定要戴好手套和护目镜。首先，准备一个玻璃瓶，倒入200毫升清水，加入2克氢氧化钠、4克葡萄糖，搅拌到充分溶化，你会发现溶液是透明无色的。另外准备一个杯子，加入50毫升水和少量靛蓝胭脂红，搅一搅，溶液会呈现漂亮的蓝色。

一切准备就绪，红绿灯要亮起来喽。仔细观察，你会发现，当靛蓝胭脂红溶液倒入氢氧化钠溶液的刹那，蓝色变成了绿色。拿起瓶子摇一摇，绿色很快就会变成红色，紧接着又会变成黄色；再次摇晃，又会变成红色，然后是黄色；如果用力摇晃，溶液又会变成绿色，当摇晃停止，溶液的

颜色很快又会变成红色，接着是黄色。如此反复，是不是和红绿灯的效果一样呢？

循环的氧化还原反应

其实呀，之所以能呈现红绿灯的现象，是因为靛蓝胭脂红在碱性环境——氢氧化钠溶液中发生的氧化还原反应。靛蓝胭脂红是一种氧化还原指示剂，它溶于水后会呈现蓝色，将它倒入氢氧化钠和葡萄糖的溶液中，溶液会呈现最高氧化态，从而变成绿色；在静置的过程中，靛蓝胭脂红会被还原剂葡萄糖慢慢还原成红色，这是还原过程的中间态；紧接着会呈现出最高还原态，也就是黄色。

如果摇晃瓶子，与空气中的氧气接触面增大，靛蓝胭脂红继续被氧化，就会变成红色；如果摇晃的速度加快，就会呈现最高氧化态，然后再次被葡萄糖还原，所以靛蓝胭脂红的颜色会一直循环地变化下去。是不是很奇妙呢！

化学加油站：葡萄糖

葡萄糖，你一定不陌生吧。葡萄糖是自然界分布最广的单糖，有淡淡的甜味，是生物的主要供能物质，植物在光合作用下就可以产生葡萄糖。它是生物体内新陈代谢不可缺少的物质。葡萄糖经过氧化生成二氧化碳和水，同时释放出人体所需的热量。它可以为人体快速提供能量，1克葡萄糖粉可以产生4大卡的热能。它还能促进人体毒素的排泄，对肝脏起到解毒和保护的作用。

漂亮的着色剂

靛蓝胭脂红不仅是氧化还原指示剂，还是常见的食品着色剂。比如，碳酸饮料、糖果、漂亮的糕点中，还有用来做月饼、汤圆馅儿料的红绿丝中，甚至腌制的小菜中，都有它的"身影"。

由于靛蓝胭脂红的氧化还原性极高，颜色非常不稳定，所以很适合调色，可以调制成绿色、咖啡色、赤红色等。不过，作为食用色素它的最大使用量非常少，每千克中只有 0.2 克或者 0.01 克这样的使用量。

碳酸饮料中的亮丽颜色也离不开靛蓝胭脂红

很多漂亮的生日蛋糕就用靛蓝胭脂红作着色剂

制作手工皂：
皂化反应

古古怪，古古怪，到底是油污还是去油，必须说明白。

告诉你一个秘密，我们家里都会用到的"去污小能手"肥皂和香皂是油做的！听起来是不是很不可思议呢。简直太奇怪。油污，油污，油怎么会成为"去污小能手"呢？告诉你吧，油在一定的条件下，加入特定的化学物质，

我爱洗澡，皮肤好好~

自己做的手工皂

066

性质就会发生变化，从"油污小能手"变成"去污小能手"。这就是皂化反应的厉害。

制作手工皂

实验难易指数：★★★★★

首先准备一些植物油，家里炒菜用的葵花籽油就可以；再准备一些氢氧化钠固体和浓度为 95% 的酒精、一个大烧杯或者玻璃器皿、一根搅拌棒、50 毫升饱和盐水、药匙、纱布、酒精灯、三脚架、石棉网、一个漂亮的模具。

需要注意的是氢氧化钠具有强腐蚀性，准备氢氧化钠时一定要戴好手套、口罩和护目镜。饱和盐水可以在家里自己制作哦，先在锅里放入适量清水加热，倒入少量盐搅拌至溶化后，再倒入少量盐搅拌。如此反复几次，直到盐不能溶化为止，饱和盐水就制作好啦。

准备好实验用品，就正式开始实验吧。在烧杯里倒入 8

在杯中倒入植物油和酒精

一边加热一边搅拌

加入饱和盐水

用纱布过滤水分，倒入模具，耐心等待即可

毫升植物油，再加入10毫升酒精，然后加入8毫升水和3克氢氧化钠。

固定三脚架，放上石棉网，点燃酒精灯，把烧杯放到石棉网上，一边搅拌，一边用酒精灯给混合溶液加热，直到溶液变得黏稠。

搅拌的时间可能有点儿长，请耐心一点儿哟。当溶液变得足够黏稠，就可以加入饱和盐水了。再次搅拌，然后静静地等待"肥皂"析出吧。当"肥皂"全部析出以后，用纱布过滤水分，把剩下的固体倒进模具中，放在一个阴凉的地方，让它静静地睡上一个月的大觉。一个月以后，当它苏醒，就会像"满血复活"的勇士一样，成为去污高手。时间有点儿长吗？还是耐心地等一等吧，否则皂化不充分，对皮肤是有一定伤害的。

植物油的皂化

被肥皂分子团团围住的油脂

嘿嘿，我们喜欢你呀。

喂，都围着我干啥？

显微镜下其实长这个样子

一个月的等待时间可能有点儿长，但是皂化反应就是一个缓慢的过程。植物油就是在氢氧化钠的作用下，慢慢地改变了它的性质。

植物油和氢氧化钠在加热的条件下发生水解反应，生成了高级脂肪酸钠和甘油，这就是肥皂的主要成分。肥皂中的高级脂肪酸钠中含有非极性憎水基（烃基）和亲水基。憎水基喜欢油，由碳和氢组成；亲水基是喜欢水的原子团。当用肥皂去污时，喜欢油的憎水基会将污渍中的油团团围住，再由亲水基把油滴送入水中，清洁过程就完成了。

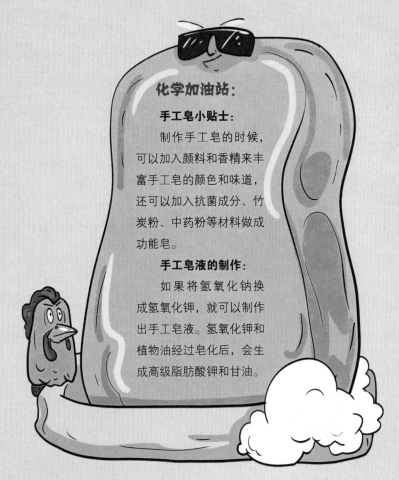

化学加油站：

手工皂小贴士：

制作手工皂的时候，可以加入颜料和香精来丰富手工皂的颜色和味道，还可以加入抗菌成分、竹炭粉、中药粉等材料做成功能皂。

手工皂液的制作：

如果将氢氧化钠换成氢氧化钾，就可以制作出手工皂液。氢氧化钾和植物油经过皂化后，会生成高级脂肪酸钾和甘油。

多面手氢氧化钠

氢氧化钠俗称"烧碱"，有很强的腐蚀性。当它溶入水中时，还会发生放热反应。氢氧化钠在生活中用得似乎不是很多，不过对于清除厨房严重的油污和抽油烟机油污，氢氧化钠非常在行。你以为氢氧化钠只会除油吗？它可是一个多面手。在工业中，氢氧化钠也有很多作用。比如，精制石油的生产过程就离不开氢氧化钠溶液的洗涤，它可以去除石油中的一些酸性物质。再比如，造纸原料中含有很多非纤维素的木质素和树胶等，氢氧化钠可以很好地将它们溶解、分离，从而得到纯度很高的纸浆。棉织品在生产时也离不开氢氧化钠，像蜡质、油脂、淀粉这些物质，都需要氢氧化钠来清理。经过氢氧化钠处理后的棉织品，印染的时候更有光泽，染色也更均匀。

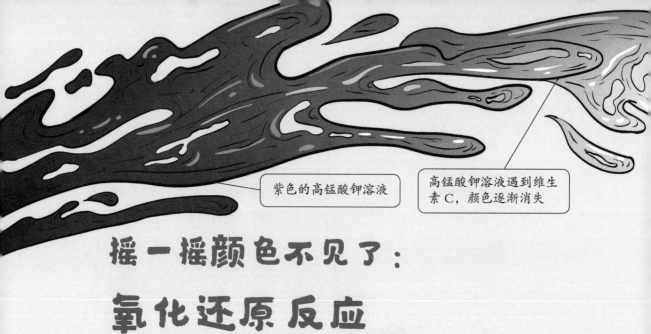

紫色的高锰酸钾溶液

高锰酸钾溶液遇到维生素C，颜色逐渐消失

摇一摇颜色不见了：
氧化还原反应

真奇怪，真奇怪，还能把你的漂亮颜色藏起来！

还记得"超级大牙膏"吗？里面用到的高锰酸钾，是实验室常见的化学试剂，溶于水以后会呈现漂亮的紫色。而维生素C就很常见了，它是人体必需的营养素，很多水果中都含有维生素C。可不要小瞧了它，它能使高锰酸钾褪去华贵的颜色。这背后的秘密竟然是氧化还原反应。

呜啊，头好晕，这泡澡水是紫色的，不会有毒吧！

为啥还不变色？

丢进高锰酸钾溶液的维生素C片

富含丰富维生素C的水果们

高锰酸钾褪色啦

实验难易指数：⭐⭐

　　高锰酸钾固体是黑紫色的，但是当它溶于水，就会变成漂亮的紫色。这样高贵、华丽的颜色，很容易被人记住。但是有一个普通的家伙，却可以让高锰酸钾颜色尽失，它就是维生素C。

　　准备高锰酸钾外用药片、水、维生素C片、杯子、搅拌棒、研钵。在杯子里加入水，放入一点儿高锰酸钾，搅拌到高锰酸钾全部溶化。用研钵将维生素C片研碎，加入高锰酸钾溶液中。摇晃杯子，奇迹就发生了。高锰酸钾漂亮的紫色不见了！溶液变成了透明的，杯底也会有一些棕色的沉淀物。真是不能小看任何东西，只要利用合理，它很可能产生让你大跌眼镜的效果呢！

　　药店可以买到的高锰酸钾外用药片浓度很低，通常不会有安全问题。不过纯高锰酸钾是强氧化剂，具有一定的危险性。小朋友们在做实验时，应该养成科学严谨的实验习惯，戴好手套和护目镜，避免用手直接接触化学药剂哟。

> **实验小贴士**
> ★实验中应佩戴手套及护目镜。
> ★禁止用手直接接触实验用品。
> ★废液应回收处理，不可倒入下水道。

氧化还原反应

　　维生素C之所以能让高锰酸钾褪色，是

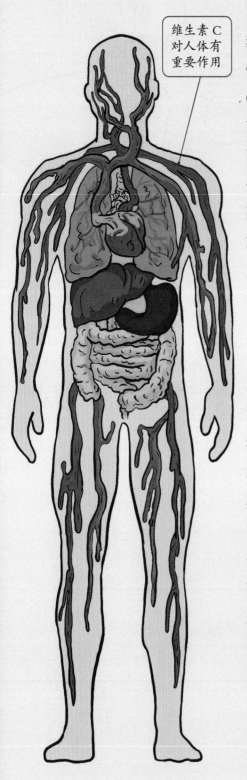

维生素C
对人体有
重要作用

因为它们相遇时发生了氧化还原反应。这并非偶然，而是由它们各自特殊的性质决定的。高锰酸钾中的高锰酸根离子有很强的氧化性，而维生素C具有很强的还原性。所以当它们混合在一起，高锰酸钾就会被维生素C还原成二氧化锰，所以高锰酸钾的漂亮颜色就不见了。而维生素C在氧化剂高锰酸钾的作用下又被氧化成苏阿糖酸和草酸，紧接着又被氧化成二氧化碳和水。简单点儿说，就是高锰酸钾把维生素C给氧化了，而维生素C又把高锰酸钾给还原了。哎，真是一对儿冤家！

厉害了，维生素C

维生素C，就是人们常说的维他命C。它有很强的还原性，很容易被氧化成脱氢维生素C。不用担心，被氧化后的脱氢维生素C和维生素C具有相同的功效，而且维生素C的反应是可逆的。

维生素C对人体有很重要的作用。它参与人体氧化还原反应的生理过程，可以促进胶原蛋白的合成，有很强的抗氧化性，有很好的美容效果；它还能增强人体造血功能，加速伤口的愈合。人体吸收钙、铁、叶酸时，也离不开维生素C的帮助。同时，维生素C还参与碳水化合物、脂肪、蛋白质的代谢。

虽然维生素C对人体有重要的作用，但人体自身并不能合成维生素C，需要由含有维生素C的食物提供。除了人类，像土拨鼠、猩猩、猿、

猴等灵长目哺乳动物也不能合成维生素 C。

补充必要的维生素 C 可以提高人体的免疫力，那应该吃些什么来补充维生素 C 呢？很简单，多吃蔬菜和水果呀。比如，蔬菜中的西红柿、西蓝花、绿叶菜、苦瓜、辣椒等都富含维生素 C，而沙棘果、冬枣、猕猴桃、龙眼、山楂、橙子、柠檬等都是富含维生素 C 的水果。如果人体缺少维生素 C，也可以通过口服维生素 C 片来补充。

化学加油站：
你有这些常识性认知错误吗？

@ 猕猴桃是 VC 之王

NO，NO，NO，沙棘果才是 VC 之王。沙棘果的维生素 C 含量是猕猴桃的 8 倍，并且它富含 400 多种营养物质。即便是在栽培类水果中，猕猴桃的维生素 C 含量也要让位给冬枣。每 100 克冬枣的维生素 C 含量是 200 ~ 500 毫克，比猕猴桃的维生素 C 含量高出 60 ~ 200 毫克。

@ 补充维生素 C 可以治感冒

维生素 C 可以促进免疫蛋白的生成，提高人体的免疫力，所以说它有一定的预防感冒的作用也是合理的。但要说治疗感冒，它就没有这项能力了。

富含维生素 C 的蔬菜、水果们

牛奶变"塑料"：
蛋白质和酪蛋白

真奇怪，真奇怪，化学世界让我头晕起来，牛奶和塑料也能扯出血缘关系来。

天天喝牛奶，但是它能变成"塑料"这件事，你一定是头一次听说吧？在你的认知里，牛奶明明是很有营养的饮品，它和有的塑料除了颜色很像，其他一概沾不上边儿呀。别慌，别慌！告诉你吧，牛奶自己也变不成塑料，需要加一种东西才行。而且我们说的是，它变的这种东西很像塑料，到底是不是真塑料，还得看成分呢！

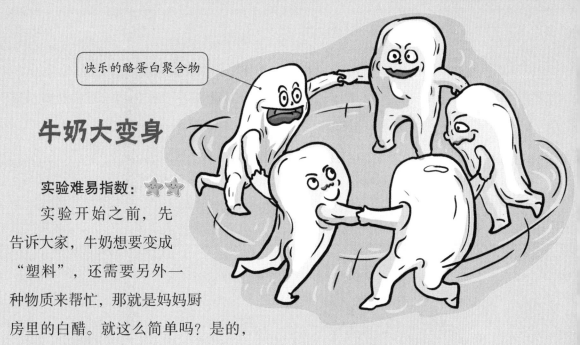

快乐的酪蛋白聚合物

牛奶大变身

实验难易指数：⭐⭐

实验开始之前，先告诉大家，牛奶想要变成"塑料"，还需要另外一种物质来帮忙，那就是妈妈厨房里的白醋。就这么简单吗？是的，就是这么简单！

准备好牛奶、白醋、杯子、纱布、纸巾、色素、模具、搅拌棒，再准备一个加热工具，微波炉或者平底锅都可以。请家长帮忙加热牛奶，将牛奶加热到比较烫但是不沸腾的状态，然后趁热倒入杯子里，再往杯子里倒入两瓶盖白醋，拿起像魔法棒一样的搅拌棒搅一搅。很快，你就会发现，牛奶开始变成胶体混合物。化学反应已经完成了！将这种胶状物质倒在纱布上过滤掉水分，留下的白色胶状物质像柔软的棉花糖一样，这就是塑料的雏形了。接下来用纸巾吸一下胶状物表面的水分，并加入你喜欢的色素混合均匀，然后放进模具里。就这样，静静地等上一天，"塑料"就做好了。

酪蛋白塑料的形成

牛奶里含有脂肪和大量蛋白质，而白醋中含有多种有机酸。牛奶在通常状况下都很稳定，不过当它遇到酸时，如果再加上高温的特殊情况，蛋白质就会失去天然状态。改变状态后的蛋白质叫酪蛋白聚合物，跟塑料像极了。牛奶里有很多蛋白质分子，它们就是酪蛋白单体，当酪蛋白单体聚集在一起，就形成了酪蛋白链。这是一种聚合物，有像塑料一样可以塑形的特质，所以被叫作"酪蛋白塑料"。

牛奶是哪里来的？

你知道吗？其实人们每天喝的牛奶都是奶牛给自己宝宝准备的食物，是奶牛身上的血液，很不可思议吧！不仅牛，所有哺乳动物的奶都是血液构成的。妈妈的血液中包含了众多宝宝需要的营养物质，牛宝宝长出健全的器官，离不开牛妈妈血液中的营养物质。但是，牛宝宝也不能直接喝妈妈的血呀，那可太危险了。血液中的营养是分散的，而且大部分是铁，这种物质很难被牛宝宝直接消化吸收。血液里的养分和水分通过一种特殊细胞，在液囊里混合形成了牛奶。当牛宝宝开始吸吮，牛妈妈的大脑就会接收到信号，从而释放出催产素，在催产素的作用下，血液就神奇地变成了牛奶。牛奶又会在牛宝宝的吸吮下，流进牛宝宝的嘴里。更神奇的是，牛妈妈会根据牛宝宝的需求调整牛奶中的营养成分。

不仅是牛，几乎所有动物的妈妈都会根据宝宝的需求产出营养不同的奶。比如海豹妈妈为了让宝宝长膘，会产出含有大量脂肪的奶，这种奶的脂肪含量是牛奶的

牛奶其实是由牛妈妈的血变成的

啊？虽然肚子很饿，但真的要喝这个吗？

血液变成的奶水中富含糖、铁、脂肪等营养元素

嗯嗯，好喝，好喝！

15倍；兔子妈妈的奶中含有极为丰富的蛋白，是为了给宝宝肌肉发育提供最好的营养；还有袋鼠妈妈，它们居然能同时产出两种奶，一种给正在育婴袋里的宝宝，一种给学走路的宝宝，厉害吧！

人类也是一样。当我们还在妈妈肚子里时，我们就在吸收妈妈的营养。出生后，妈妈又用血液化作奶水哺育我们成长。母爱伟大，这都是血肉哺育的恩情啊！

化学加油站：

牛奶会在肚子里变成"塑料"吗？

如果喝了牛奶以后，再吃酸性物质，如柠檬、橙子等，蛋白质就会在肠胃里形成酪蛋白的沉淀物，影响人体对营养的吸收，对于肠胃虚寒的人来说，还容易产生消化不良或者腹泻的情况。所以喝牛奶以后，最好不要吃酸性的食物。

燃烧的糖果：
原来是锂催化的结果

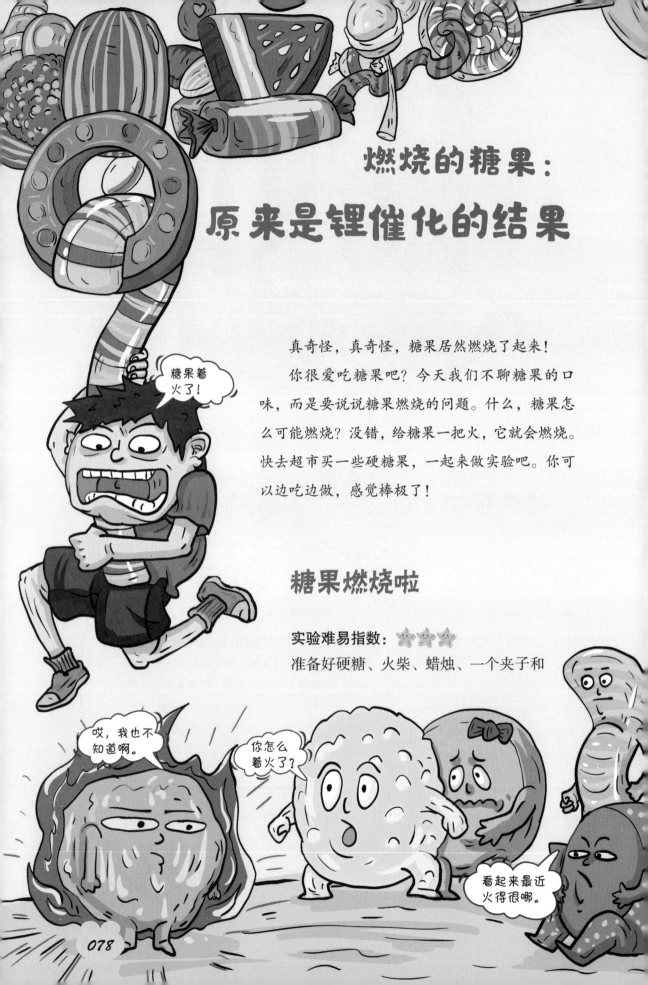

真奇怪，真奇怪，糖果居然燃烧了起来！

你很爱吃糖果吧？今天我们不聊糖果的口味，而是要说说糖果燃烧的问题。什么，糖果怎么可能燃烧？没错，给糖果一把火，它就会燃烧。快去超市买一些硬糖果，一起来做实验吧。你可以边吃边做，感觉棒极了！

糖果燃烧啦

实验难易指数：★★★

准备好硬糖、火柴、蜡烛、一个夹子和

一些烟灰。细心的你注意到了吗？这个实验中好像没有什么化学物品，倒是多了一样奇怪的东西——烟灰。先卖个关子，做完实验再说。实验用火，要注意安全哟。

首先用糖果在水里蘸一下，因为蘸过水的糖果更容易裹上烟灰。将烟灰撒在糖果上面之后，点燃蜡烛，用夹子夹住糖果在火上烤。耐心地等一下，你会发现，哇，糖果真的燃烧起来了！

整个实验就这样一个过程。这个实验虽然过程简单，但是效果很神奇。那么这里面究竟发生了什么化学反应呢？

> **实验小贴士**
> ★实验前确保周围没有可燃物，并在成人的监督下进行，注意备好烫伤药及灭火器材。
> ★实验中应佩戴口罩、手套、护目镜。

锂的帮忙

糖果的主要成分是碳水化合物，它里面有砂糖、淀粉等原料，只要给它提供足够的氧气、温度和合适的催化剂，就可以燃烧。实验中用到的烟灰就是糖果燃烧的催化剂，因为烟灰里含有金属锂，在糖果的燃烧中起到了催化作用，所以糖果才能燃烧起来。

> 11g，快打119，家里的灭火器放哪儿了！

又轻又软还很活泼的锂

在你的印象里，金属是不是都很重，还很坚硬？如铁锤、铅球。没错，相同体积下，绝大多数金属相对于其他物品来说更重，也更坚硬。也就是说它们的密度更大，密度大，自然也就很坚硬喽。

不过也并不是所有金属都这样，锂就是一个例子，锂在所有金属中最轻，也就是说它的密度很小。那它有多轻呢？就算你把它放进水里、液态油里，它都能保持漂浮的状态。而它的柔软也是肉眼可见，用刀子就能切开。

锂的化学性质非常活泼，所以存放时一定要和空气隔绝，比如，放在固体石蜡中，或者白凡士林中。当你把它放在空气里，过不了一会儿，它的表面就会变黑，因为它已经和空气中的氧、二氧化碳、氮等气体发生了化学反应。要是把它放进水里，你以为它会乖乖地漂浮着吗？当然不会，它会立刻和水发生化学反应。你会看到它在水里疯狂地转圈，并且发出声响，产生大量氢气，甚至产生沉淀物氢氧化锂。

锂就在身边

锂是一种特别的金属，那它跟我们的生活有什么密切关系吗？答案是，当然了。首先，自然界中的锂辉石、锂云母、透锂长石等矿石里都含有丰富的锂金属。而且在人、动物的身体里，以及矿泉水、可可粉、海藻、蛋奶制品、蔬菜和土壤里，都可以找到锂元素。

还有一个最重要的应用，那就是锂电池。它们可就在人们的日常生活中哟，如电动自行车、电动摩托车、新能源汽车、手机、笔记本电脑、充电宝、手持小风扇等，都会用到锂电池。因为同等质量下，锂的原子数最多，所以可用的电子也最多，作为蓄能电池来说，它储存电能的功能也就最大。

化学加油站：哇！氢气制造工厂

在 500℃左右的高温下，锂和氢发生化学反应，会生成一种叫氢化锂的化学物质。氢化锂遇到水，会发生剧烈的化学反应，并产生大量氢气。用 2 千克的氢化锂，就可以制造出 5660 升的氢气。早在第二次世界大战时，飞行员就用氢化锂做应急设备了。如果飞机不幸失事落水，飞行员就可以将氢化锂放进水里，利用它释放出来的氢气给救生设备充气。这样一来，就增加了飞行员获救的机会。

啦啦啦，好凉快啊！

危险行为可不要学呀

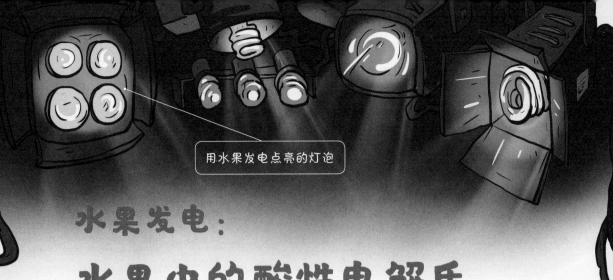

用水果发电点亮的灯泡

水果发电：

水果中的酸性电解质

真好玩，真好玩，水果也能点亮小灯泡！

电是哪里来的呢？你可能会说水力发电、风力发电、火力发电、核能发电，还有手动发电都可以制造电呀。没错，发电的方式有很多种，但是你听过水果发电吗？我们好像并没有见过有谁用水果来点亮一个灯泡。嗯！让水果点亮一盏灯似乎不太现实，但是它能发电可是真的哟！不信你也试试。

水果发电了

实验小贴士

★用刀应注意安全，可请成人协助或在成人的监督下进行。

实验难易指数： ⭐⭐

你已经迫不及待地想看看水果是怎么发电的了吧？别着急，很快就

能看到，因为实验非常简单。准备一个苹果、三片铜片、三片锌片、四条电线和一盏迷你的两针插脚小灯泡。

首先把苹果切成三块，分别是 A、B、C。在开始连接前，要先把电线两端用来接头的位置的绝缘皮去掉。好啦，专注地开始实验吧，一定要按步骤进行哟。

第一步，用一根电线的两端把两片铜片连接起来。

第二步，用同样的方式，把两片锌片用电线连接起来。

第三步，再拿一根电线，一端和第三片铜片相连，另一端和小灯泡上的一只针脚相连。

第四步，按照第三步的方法，取另外一根电线分别和第三片锌片和灯泡另一只针脚相连。

第五步，把第一步连接好的两片铜片分别插进 A 和 B 两块苹果里，把第二步连接好的两片锌片分别插入 B 和 C 两块苹果里。

第六步，把和灯泡连接的锌片插进苹果块 A 中，把铜片插进苹果块 C 中。

快看，灯泡亮起来了！如果身边没有苹果，换成橘子、香蕉、柠檬、西瓜、火龙果等都是可以的；你还可以换成蔬菜，如土豆、西红柿等。

风力发电

金属片与酸性物质的奇妙相遇

你肯定想不到，水果能发电居然是因为化学反应。铜和锌的化学性质都很活泼，铜能和水果中的果酸物质反应生成正电荷，

核能发电

火力发电

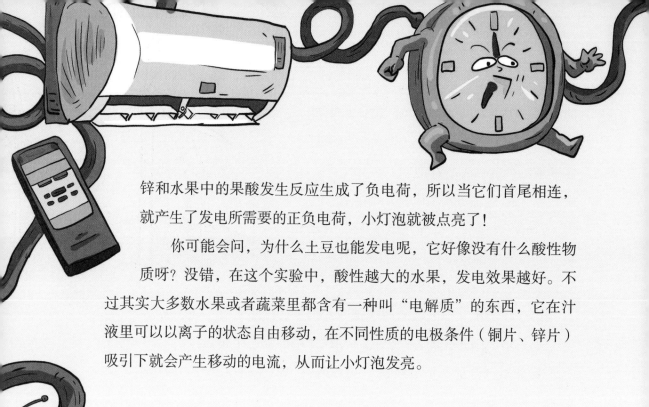

锌和水果中的果酸发生反应生成了负电荷，所以当它们首尾相连，就产生了发电所需的正负电荷，小灯泡就被点亮了！

你可能会问，为什么土豆也能发电呢，它好像没有什么酸性物质呀？没错，在这个实验中，酸性越大的水果，发电效果越好。不过其实大多数水果或者蔬菜里都含有一种叫"电解质"的东西，它在汁液里可以以离子的状态自由移动，在不同性质的电极条件（铜片、锌片）吸引下就会产生移动的电流，从而让小灯泡发亮。

生活中的干电池

生活中经常用到干电池，像空调遥控器、厨房燃气的电打火、无线鼠标、手电筒、照相机、电子钟表、电动遥控玩具，都离不开干电池。

干电池是化学电源装置，因为里面有一种不能流动的糊状物，所以被叫作干电池。这种干电池制作时会用到大量的碳，所以又被叫作碳性干电池。

我们最常见的干电池是锌锰干电池。电池的中间装有正极碳棒，外面包裹着二氧化锰的混合物，最外层的纤维网上涂着一层厚厚的电解质糊。这层电解质糊主要是氯化铵溶液和淀粉的混合

生活中处处都有干电池的身影

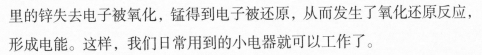

物。最后一层可以说是干电池的外套了，它是由锌做的。别小看它哟，它可不仅仅是漂亮外套这么简单，还是电池的负极呢。当电池接通外接电路，电池的正负极就会形成回路。电池里的锌失去电子被氧化，锰得到电子被还原，从而发生了氧化还原反应，形成电能。这样，我们日常用到的小电器就可以工作了。

由于干电池里的锌会和电解质发生化学反应生成氢气，又因为电池是密闭的，这样一来，氢气就会使电池鼓包甚至发生爆炸。于是人们为了把锌和电解质隔离开，在锌筒里加入一层汞。汞虽然能起到隔离作用，但它是重金属呀，对环境污染很大，所以这就是为什么含汞的碳性干电池要专门回收，不能随意丢弃。

化学加油站：碱性干电池

碱性干电池是改良过的电池，它更安全、使用寿命更长，也不会污染环境。这是因为它把碳性干电池的正负极做了调换，负极在里面，正极在外面；电解质也换成了氢氧化钾。因为氢氧化钾是碱性物质，所以这种干电池被叫作碱性干电池。

秘密信函：
淀粉和碘的化学反应

古古怪，古古怪，这种文字传递秘密真不赖！

你看过电影《鸡毛信》吗？这部电影讲述一个叫海娃的儿童团团长，执行一项紧急任务，为八路军送鸡毛信的故事。聪明的海娃为了躲避敌人的搜查，把鸡毛信绑在了一只羊的羊尾巴上。最终，他成功地把鸡毛信送到了八路军的手里。其实除了海娃的办法，送密信还有很多方法，今天我们就用化学知识来写一封密信吧。

秘密信函

实验难易指数： ★★

书写一封秘密信函需要用到的材料非常简单，准备一支笔尖干净的钢笔、一张白纸、一些淀粉、10毫升水、一个喷瓶和一瓶碘伏溶液。

在水里加入一些淀粉，制成饱和溶液。用钢笔尖儿蘸着淀粉溶液在白纸上写上你要写的密信内容。一定要多蘸一点儿溶液，还可以把字的笔画写得粗一点儿，字写得大一点儿。写好以后把白纸晾干。晾干的过程中，最好用平整、重一点儿的东西压一下，这样白纸会更平整。好了，秘密信函就完成了，一眼看上去还是一张白纸，并没有什么特别的。

密信是写好了，那应该怎么去读信呢？这就说到秘密信函的重点了。把碘伏溶液装入小喷瓶中，对着写好的密信轻轻一喷，白纸上就会立刻显现出深蓝色的字啦。

淀粉和碘的氧化反应

这种密信是不是很有趣呢？这可是化学的魅力呀。淀粉是一种高分子化合物，碘伏中的单质碘是一种强氧化剂。当淀粉和碘伏相遇，淀粉中的成分就会被氧化，碘分子被淀粉分子的螺旋结构包裹。这种新物质因为吸收光的性能发生改变，所以呈现出深蓝色。

知道了这个原理，我们就可以用很多含有淀粉的食物做墨汁来书写密信了，如大米汤、土豆汁、玉米糊等。

淀粉和碘反应，密信上的字就会显现出来

秘密书信

生活里的淀粉和碘

人体主要能量来源之———淀粉

你知道淀粉是怎么产生的吗？淀粉是绿色植物进行光合作用的产物，它是人体的主要能量来源之一。淀粉主要存在于植物的种子、块茎中，如稻米、小麦、玉米、马铃薯、藕中都含有丰富的淀粉。当人吃了含有淀粉的食物后，淀粉在身体里酶的催化作用下就转化成了麦芽糖，麦芽糖继续被酶催化，最终生成葡萄糖。

淀粉在人体中的转化和吸收非常快，能迅速升高血糖，对于患有低血糖的人来说，可以快速纠正低血糖的状态。不过凡事过犹不及，正是因为淀粉的吸收率很高，所以如果吃了太多含有淀粉的食物，当人体不能完全把糖分解时，糖分就会转化成脂肪堆积在体内，这就是为什么减肥的人都不太喜欢吃淀粉含量高的食物。

人体的"智力元素"——碘

碘是非金属元素。单纯的碘元素是紫黑色结晶，在空气里非常容易升华。自然界中的碘含量稀少，但是却对动植物的生命非常重要。

有淀粉，能量满满！

水里的碘化物和碘酸盐进入海洋生物的身体里，参与它们的新陈代谢。碘也是人体必需的微量元素，是维持甲状腺功能的必需品，号称人体的"智力元素"。这就是为什么我们买的食盐很多都会是"碘盐"。不过人体对碘的需求量很小，补碘过度会引起一些疾病。其实很多食物中也含有碘元素，吃含碘元素丰富的食物就可以达到补碘的目的。如，每 100 克茴香的含碘量高达 12.4 毫克，每 100 克木耳的含碘量为 10 毫克，每 100 克苋菜的含碘量为 7 毫克，海带、紫菜等海菜中也含有丰富的碘元素。

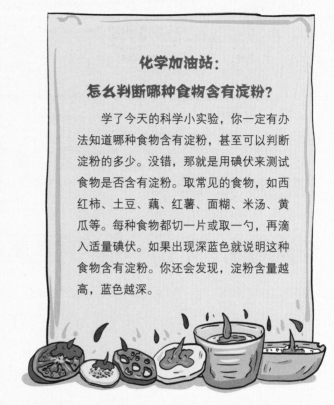

化学加油站：

怎么判断哪种食物含有淀粉？

学了今天的科学小实验，你一定有办法知道哪种食物含有淀粉，甚至可以判断淀粉的多少。没错，那就是用碘伏来测试食物是否含有淀粉。取常见的食物，如西红柿、土豆、藕、红薯、面糊、米汤、黄瓜等。每种食物都切一片或取一勺，再滴入适量碘伏。如果出现深蓝色就说明这种食物含有淀粉。你还会发现，淀粉含量越高，蓝色越深。

这些富含碘元素，多吃点身体才会好，瞧我最近瘦的。

这东西真的能吃吗？

刺溜

浊水变清：

净水大哥大明矾

古古怪，古古怪，明矾大哥净水的速度可真快！

想得到一杯浊水很容易，往里扔一把泥土就好了。可要想把这杯浊水再变成清水，这……似乎很难啊。做了今天的化学实验，你会发现，其实也不难。实验中，我们会用到大家非常熟悉的明矾，就是以前人们用来炸油饼、蒸馒头的膨松剂。哦，这也行？

有泥沙沉淀的水可不能喝哦

浊水清清

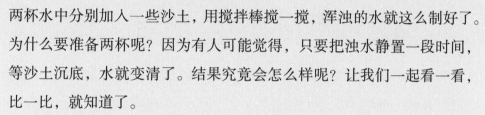

实验难易指数： ★

今天的实验非常简单。准备两杯水、一把沙土、一些明矾、一个研钵和一根搅拌棒就可以开始实验啦！在两杯水中分别加入一些沙土，用搅拌棒搅一搅，浑浊的水就这么制好了。为什么要准备两杯呢？因为有人可能觉得，只要把浊水静置一段时间，等沙土沉底，水就变清了。结果究竟会怎么样呢？让我们一起看一看，比一比，就知道了。

把其中一杯浊水安静地放在一边，取出明矾，在研钵中研成粉末，往另外一杯浊水中一撒，再搅一搅。好了，开始观察变化吧。用不了一会儿，加了明矾的浊水就会逐渐变得清澈，但是没有加明矾的浊水虽然没有刚加入沙土时那么浑浊，但是仍然不够清澈。你知道这是为什么吗？

> **实验小贴士**
>
> ★ 实验中应佩戴口罩、手套、护目镜。
> ★ 取用明矾时应使用药匙，禁止用手直接接触。
> ★ 明矾应密封干燥避光保存，远离火种、热源。

净水大哥大——明矾

哈哈，揭晓答案的时刻到了。加了明矾的浊水之所以能变得清澈，是因为明矾把水里的泥土、灰尘吸到杯底啦，就好像吸尘器能吸走灰尘一样。不过跟真的吸尘器相比，明矾并不需要电，也不需要"嗡嗡"作响，用那么大的力气。这是怎么回事呢？

浊水中大颗粒的泥沙会慢慢沉入水底，但是有很多泥土微粒自身重量太轻，再加上它们带有负电荷，微粒和微粒彼此排斥，因为不能抱团作战，也就无法沉到水底。但是往水里倒入明矾就不一样了。首先，明矾落入水中会和水发生化学反应，生成氢氧化铝。然后，氢氧化铝自带的正电荷胶体粒子会和带有负电荷的泥沙颗粒互相吸引。这样一来，泥沙颗粒就被紧紧地聚集在了一起。它们越聚越大，终于战胜了水的浮力，和氢氧化铝一起飘飘悠悠地沉入水底了。哈哈，浊水变清了！不过提醒你哟，虽然水变清澈了，但是这样的水千万不要喝！

小心，是明矾

明矾是一种无机盐，化学名称叫十二水硫酸铝钾，它是硫酸钾和硫酸铝的复盐。还记得文章开头说的，过去的人们在炸油条或者蒸馒头时会放明矾来让食物变得更蓬松吗？要知道，长期食用含铝的食物对人体有很大伤害，尤其会对儿童的成长和智力发育造成影响，所以国家已经

氢氧化铝聚集了大量泥沙，沉入水底

明令禁止使用明矾作为食品添加剂了。

在制作面包和蛋糕的时候，人们经常使用泡打粉。但是并不是所有泡打粉都安全，其中有一种泡打粉含"钾明矾"，也就是我们说的十二水硫酸铝钾——明矾。学了今天的知识，你赶紧帮妈妈检查一下厨房的泡打粉成分吧，顺便给妈妈做一下知识科普。

既然明矾含有对人体有害的铝，那用明矾来净化饮用水就十分不安全了。如果长期饮用明矾净化的水，可能会得老年痴呆症。可怕吧？

不过明矾在工业上用途是很广泛的，比如在制造油漆、造纸、胶料、媒染剂，以及配置灭火器溶液时都有它的存在。

哎哟，我的腰！

用明矾净化的水

化学加油站：
三角洲是怎么形成的？

三角洲是河口冲积平原形成的一种常见地貌。那从化学的角度应该怎么解释这种现象呢？当河水在河口处流入海时，速度减慢，大量泥沙就会沉积，而小的泥沙颗粒会在海水中含氯化钠、硫酸镁等带正电荷离子的物质作用下，沉积到水底。日久天长，就形成了三角洲。

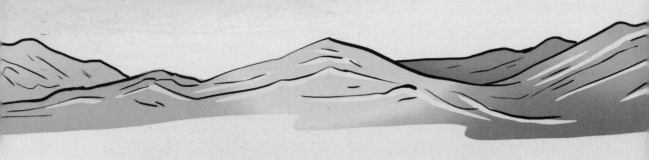

牛奶山水画：
表面活性剂的力量

真好玩，真好玩，洗洁精还能这么玩儿！

牛奶很平常，色素也很常见，用它们画画似乎也没什么新鲜的。不过，你见过会动的画吗？今天我们就用最平常的牛奶和最常见的色素来画一幅会动的山水画吧。听起来是不是很酷呀？告诉你吧，其实只是在里面加入了一种很普通的东西——洗洁精！要是没有洗洁精，可就不好玩儿了。

翻滚吧，牛奶山水画

实验难易指数：⭐

实验开始喽！去厨房拿一袋纯牛奶，顺便带上洗洁精。如果你有过生日剩下的蛋糕托盘最好

了，如果没有就用普通的盘子吧。

把牛奶倒入盘子里，然后找出你平时做手工用到的色素，挑喜欢的颜色滴几滴到牛奶里。其实到这一步，已经很漂亮了，有色彩的东西总是美的。实验的最后一步，就是对准装有牛奶和色素的盘子正中心，滴一滴洗洁精进去。

怎么样？你的牛奶和色素翻滚起来了吗？是不是很好玩儿呢？

表面活性剂的力量

在这个小实验中，最关键的因素是洗洁精。可以说，洗洁精起到的是搅拌棒的作用。这是因为洗洁精中含有大量的表面活性剂，它破坏了色素表面的张力，像是一根搅拌棒，扰动着色素进行翻滚运动，从而形成了一幅漂亮的图画。

我们知道，洗洁精在去除油渍时，会将大的油污分子分成无数小的分子，然后在水的作用下把油污冲走。而颜料的密度小于牛奶的密度，会浮在牛奶的上方。所以洗洁精会不断地把颜料分解成小分子，然后混进牛奶中。由于这种分解是持续的，所以颜料也会不停地运动。

生活里有哪些表面活性剂？

美好的自己是美好生活的开始，而表面活性剂就是美好自己的开始。

这么说会不会太夸张了呢？其实一点儿都不，因为每个人都需要刷牙、洗脸、洗手、洗澡，总不能脏兮兮地生活吧。说小了这是讲卫生，说大了就是在塑造更健康、更精神抖擞的自己。你赞同吗？

赶快到卫生间看看，家里都有哪些表面活性剂。哦，那可多了去了，牙膏、洗面奶、洗发膏、沐浴露、肥

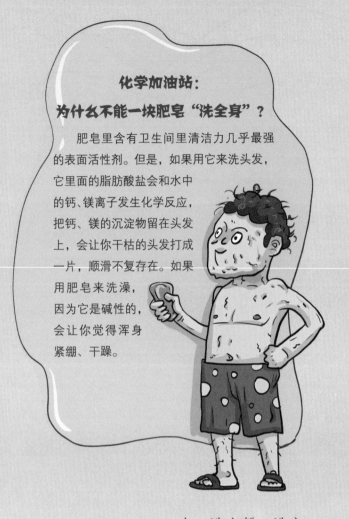

化学加油站：
为什么不能一块肥皂"洗全身"？

肥皂里含有卫生间里清洁力几乎最强的表面活性剂。但是，如果用它来洗头发，它里面的脂肪酸盐会和水中的钙、镁离子发生化学反应，把钙、镁的沉淀物留在头发上，会让你干枯的头发打成一片，顺滑不复存在。如果用肥皂来洗澡，因为它是碱性的，会让你觉得浑身紧绷、干躁。

皂、洗衣粉、洗衣液等，这些都有表面活性剂。

拿出家里的洗发水瓶子，在背面找一找，有没有月桂醇聚醚硫酸酯钠或者月桂醇硫酸酯钠这两种成分？这两种长长的、读起来很拗口的东西就是表面活性剂。

作为一个人，怎么能这么脏，让我们来拯救你！

你一定很想知道表面活性剂是怎么工作的吧？表面活性剂的分子结构分亲油基团和亲水基团。我们把表面活性剂比作一根火柴，火柴棍是亲油基团，火柴头是亲水基团。以洗发水为例，当你把洗发水涂在头发上时，亲油基团的火柴棍会插入油污中，而亲水基团的火柴头则负责把油污带走。

别误会，表面活性剂可不止这两种，而是有5000多种。不同的表面活性剂，特点也不同。像洗发水、洗面奶这类清洁用品中的表面活性剂是阴离子，护发素会使用阳离子的表面活性剂；还有的是两性表面活性剂，如沐浴露。而即便都是阴离子的表面活性剂，它们的特点也不相同。如有些洗面奶，它里面的表面活性剂是氨基酸，这是一种弱酸性、对皮肤很温和的表面活性剂。

即便都是表面活性剂，也是有区别的，所以才会有卫生间里那么多的瓶瓶罐罐。这可不是商业骗局呀，而是以化学为基础的科学结晶。

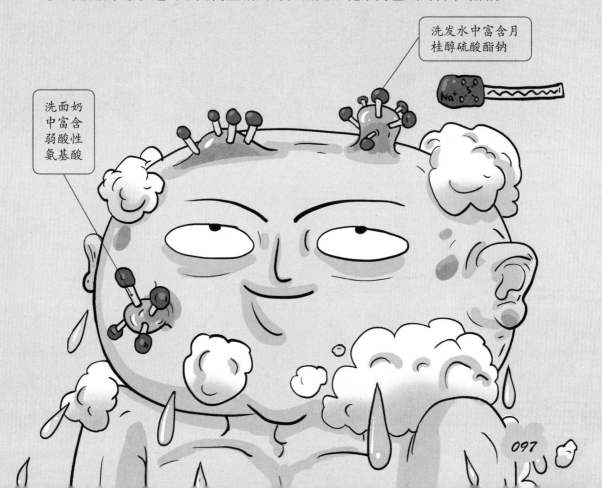

洗发水中富含月桂醇硫酸酯钠

洗面奶中富含弱酸性氨基酸

风暴瓶：
樟脑和酒精可以预测天气

真神奇，真神奇，风暴瓶懂天气！

你知道明天的天气状况吗？很容易，看看天气预报就知道了，不是吗？天气预报不仅可以预测明天的天气，连后天、大后天，甚至一个星期以后的天气，它都知道。但是你知道在没有天气预报之前，人们是怎么预测天气的吗？今天的化学小实验可以带你穿越到没有天气预报的年代，看看那时候是靠什么预测天气的。

嗯，明天是个大晴天。

皇家海军号

098

实验小贴士

★ 实验中须佩戴口罩、手套、护目镜。

★ 取用实验药品时应使用药匙，禁止用手直接接触。

★ 无水乙醇及其余药品取用完毕后须远离火种、热源，密封干燥避光保存。

★ 实验应在成人的监督下进行，注意用火安全，并备好烫伤药和灭火器材。

自制风暴瓶

实验难易指数：★★★★★

今天我们要做的风暴瓶又叫晴雨表，是 19 世纪 80 年代英国"皇家海军号"的船长罗伯特·菲茨罗伊发明的，因此他还创造了"天气预报"这一个气象专业术语。时代发展到今天，虽然我们有比风暴瓶精准几十万倍的天气预测方法，但风暴瓶的独特形态仍然可以成为一件漂亮的观赏摆件。

准备好无水乙醇、硝酸钾、氯化铵、天然樟脑丸、蒸馏水，还有形状漂亮的玻璃瓶，此外还需要杯子、电子秤、药匙或者小勺、研钵、加热工具。需要提醒你哟，氯化铵的溶液呈弱酸性，在加热的情况下酸性会增强，具有一定的腐蚀性。在实验过程中，请不要用手接触它，也尽可能不要和金属接触。

先称 5 克樟脑丸，用研钵研成粉末，倒入杯子里。再量取 20 毫升乙醇，也倒进杯子里，再往杯中加入 1.25 克的硝酸钾、1.25 克的氯化铵和 17 毫升的蒸馏水。然后给杯子加热 10 分钟左右，直到所有东西完全溶化。在加热中可以盖上盖子，防止乙醇挥发。揭开盖子，你会看到溶液刚开始有些浑浊，然后逐渐变得清澈。

好了，把制作好的溶液倒入漂亮的玻璃瓶中，然后放在窗台上吧。随着天气的变化，瓶子里的液体也会发生变化：天气晴朗而温暖的时候，瓶子里的液体会很清澈；如果天气变冷，瓶子里就会出现白色絮状物。当瓶子里的液体全部凝固，你可以重新放进热水中加热，直到清澈。

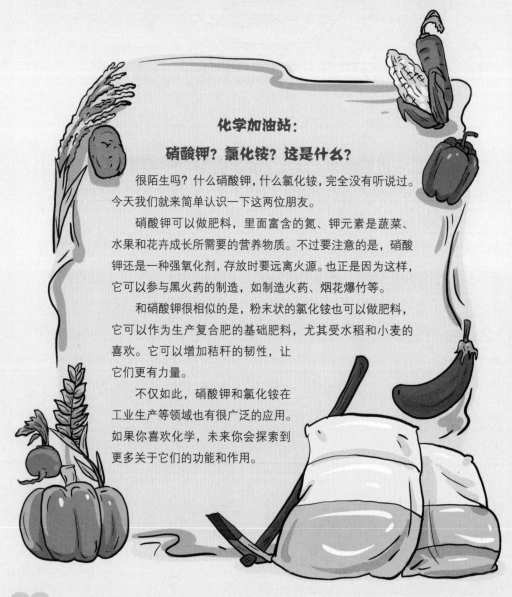

化学加油站：

硝酸钾？氯化铵？这是什么？

很陌生吗？什么硝酸钾，什么氯化铵，完全没有听说过。今天我们就来简单认识一下这两位朋友。

硝酸钾可以做肥料，里面富含的氮、钾元素是蔬菜、水果和花卉成长所需要的营养物质。不过要注意的是，硝酸钾还是一种强氧化剂，存放时要远离火源。也正是因为这样，它可以参与黑火药的制造，如制造火药、烟花爆竹等。

和硝酸钾很相似的是，粉末状的氯化铵也可以做肥料，它可以作为生产复合肥的基础肥料，尤其受水稻和小麦的喜欢。它可以增加秸秆的韧性，让它们更有力量。

不仅如此，硝酸钾和氯化铵在工业生产等领域也有很广泛的应用。如果你喜欢化学，未来你会探索到更多关于它们的功能和作用。

风暴瓶是怎么工作的？

风暴瓶里的樟脑会随着温度的变化而变化，所以析出的樟脑晶体也会随之变化。温度越低，樟脑结晶越大。而硝酸钾、氯化铵和水可以控制樟脑结晶的速度（连续成核）。实际上，风暴瓶并不能准确地预测天气，但能通过温度的变化来推断天气的发展趋势。

天然樟脑丸和合成樟脑丸的不同

你听过樟脑丸吗？很多人会把它放到衣柜里，用来防止衣服生虫。樟脑丸分两种：一种是天然的樟脑丸，是从樟树枝叶中提取的有香味的化合物。它还可以用来制药、制作香料等。它表面光滑，是一种白色晶体，味道清香。如果把它丢进水里，它会漂浮在水面上。

还有一种合成的樟脑丸，它含有有毒物质萘、二氯化苯等，对人的身体有危害。这种樟脑丸气味刺鼻，丢进水里会沉到水底。所以，如果要买樟脑丸，一定要买天然樟脑丸。

哎呀，哪个路线都严防死守的，进不去呀。

被樟脑丸守护的衣柜

梦幻又美丽的"蓝晶雨"

"蓝晶雨"：
碳酸铜和甘氨酸的美丽结晶

真神奇，真神奇，化学实验还能这么美丽！

"蓝晶雨"，真好听！听名字，梦幻程度完全不亚于流星雨。今天就让我们做一个这样的实验，探索一下化学里关于梦幻和浪漫的反应。快开始吧，它的漂亮会让你忍不住尖叫的！

实验小贴士

★ 实验中须佩戴手套、口罩、护目镜。

★ 取用实验药品时应使用药匙，禁止用手直接接触。

★ 实验药品应置于容器内进行称量，禁止直接置于秤盘上。

★ 溶液应置于石棉网上均匀受热。

成型的"蓝晶雨"

制作"蓝晶雨"

实验难易指数：★★★★★

制作"蓝晶雨"需要准备的材料有五水硫酸铜、碳酸钠、甘氨酸、水、秤、烧杯、搅拌棒、温度计、酒精灯、石棉网、酒精灯支架、火柴。哦，

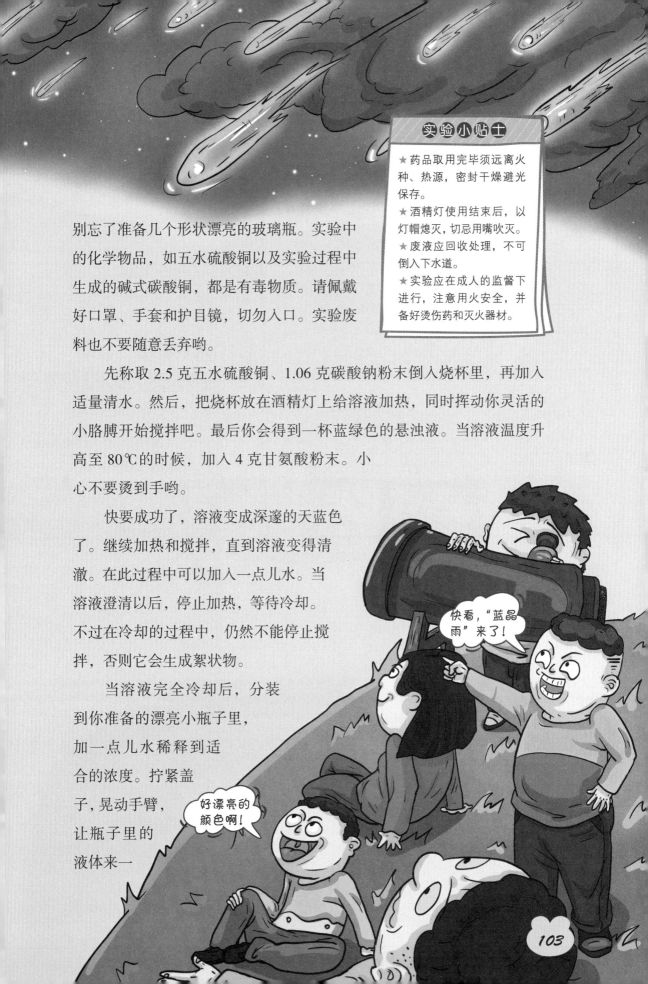

别忘了准备几个形状漂亮的玻璃瓶。实验中的化学物品，如五水硫酸铜以及实验过程中生成的碱式碳酸铜，都是有毒物质。请佩戴好口罩、手套和护目镜，切勿入口。实验废料也不要随意丢弃哟。

先称取 2.5 克五水硫酸铜、1.06 克碳酸钠粉末倒入烧杯里，再加入适量清水。然后，把烧杯放在酒精灯上给溶液加热，同时挥动你灵活的小胳膊开始搅拌吧。最后你会得到一杯蓝绿色的悬浊液。当溶液温度升高至 80℃ 的时候，加入 4 克甘氨酸粉末。小心不要烫到手哟。

快要成功了，溶液变成深邃的天蓝色了。继续加热和搅拌，直到溶液变得清澈。在此过程中可以加入一点儿水。当溶液澄清以后，停止加热，等待冷却。不过在冷却的过程中，仍然不能停止搅拌，否则它会生成絮状物。

当溶液完全冷却后，分装到你准备的漂亮小瓶子里，加一点儿水稀释到适合的浓度。拧紧盖子，晃动手臂，让瓶子里的液体来一

快看，"蓝晶雨"来了！

好漂亮的颜色啊！

场疯狂的舞蹈吧。

好了，梦幻的"蓝晶雨"制作完成了。如果把它放到黑暗的房间，再打上一束光，它会更加魅力无限。

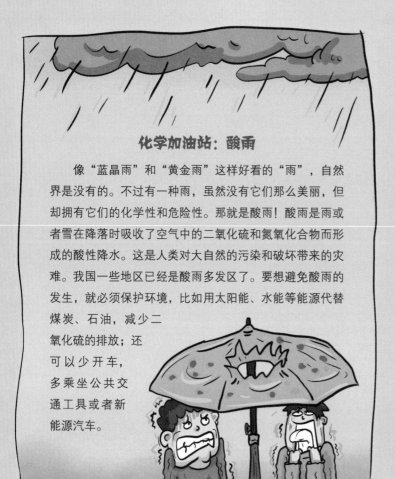

化学加油站：酸雨

像"蓝晶雨"和"黄金雨"这样好看的"雨"，自然界是没有的。不过有一种雨，虽然没有它们那么美丽，但却拥有它们的化学性和危险性。那就是酸雨！酸雨是雨或者雪在降落时吸收了空气中的二氧化硫和氮氧化合物而形成的酸性降水。这是人类对大自然的污染和破坏带来的灾难。我国一些地区已经是酸雨多发区了。要想避免酸雨的发生，就必须保护环境，比如用太阳能、水能等能源代替煤炭、石油，减少二氧化硫的排放；还可以少开车，多乘坐公共交通工具或者新能源汽车。

颜色变化中的化学反应

当你加入甘氨酸粉末的时候，化学反应就发生了。你如果很细心，一定会注意到当加入甘氨酸粉末时，不仅液体的颜色发生了变化，还产生了大

104

量气泡。没错，化学反应就是在这一刻发生的，气泡就是二氧化碳。而"蓝晶雨"的精华就是碱式碳酸铜和甘氨酸发生反应时生成的另外一种物质——甘氨酸铜。

那碱式碳酸铜从哪里来呢？还记得开始的碳酸钠和五水硫酸铜吗？它们相遇的时候，就会发生化学反应，生成碱式碳酸铜。简单的化学反应，竟然产生了"蓝晶雨"这么漂亮的物质，真是不可思议。

"黄金雨"

神奇的化学实验不仅能制作出"蓝晶雨"，还能制作"黄金雨"呢。这是不是激起了你想要发大财的欲望？这个梦想很美，但是要被打碎喽。

其实，"黄金雨"也是化学物质的反应结果，它是碘化钾和硝酸铅溶液的结合。不过，"黄金雨"虽然美丽，但硝酸铅却是含有剧毒的物质。

总之，不管是"蓝晶雨"，还是"黄金雨"，都没有流星雨那么安全。

哇！天上降"黄金雨"了！

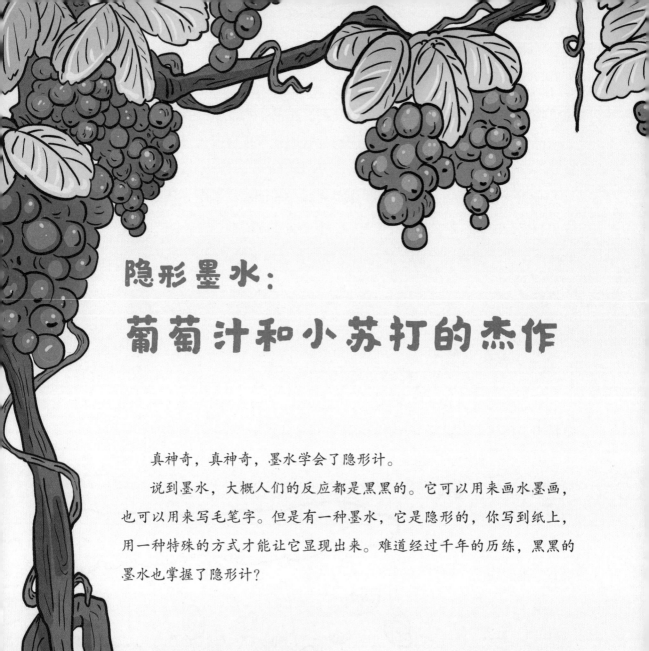

隐形墨水：

葡萄汁和小苏打的杰作

真神奇，真神奇，墨水学会了隐形计。

说到墨水，大概人们的反应都是黑黑的。它可以用来画水墨画，也可以用来写毛笔字。但是有一种墨水，它是隐形的，你写到纸上，用一种特殊的方式才能让它显现出来。难道经过千年的历练，黑黑的墨水也掌握了隐形计？

隐形墨水现形记

实验难易指数：★★

准备好水、小苏打、棉签或者画笔，

实验小贴士

★操作榨汁机应注意安全，可请成人协助或在成人的监督下进行。

106

再准备几张白纸，以及一些紫色葡萄榨汁。记得哟，一定要选紫色葡萄，榨汁的时候连葡萄皮一起放入榨汁机中。这样，榨出来的就是紫色葡萄汁啦。接下来将等量的水和小苏打充分混合均匀，用画笔或者棉签蘸着小苏打水在白纸上写下你想写的文字，然后等待墨迹晾干就可以了。

看到这里你一定恍然大悟了，原来隐形墨水就是小苏打水呀。没错！而葡萄汁就是让隐形墨水现原形的神秘药水喽。将榨好的葡萄汁涂抹在写过字的白纸上，字迹就显现出来了。

是谁让墨水现了原形？

其实原理非常简单。我们都知道小苏打是碳酸氢钠，是碱性物质；而紫色葡萄的葡萄皮含有花青素。还记得紫甘蓝的化学实验吗？紫甘蓝之所以是很好的酸碱指示剂，就是因为它含有花青素啊。这

葡萄汁也能显密信

就是紫色葡萄汁能让用小苏打水写的字现出原形的原因。当紫色葡萄汁涂在了小苏打水字迹的位置,因为含有花青素,紫色葡萄汁就会改变颜色,所以有小苏打水字迹的位置颜色就会发生变化。那你知道文字会是什么颜色吗?如果忘记了,赶紧去温习一下《酸碱侦探紫甘蓝:超能力来自花青素》吧。

墨汁是什么做的?

你知道古人是怎么写字的吗?在我国古代,人们写字都是用毛笔蘸取墨汁来写的,而且墨汁的好坏对作品有很大的影响,所以人们对制作墨汁非常讲究。古人云:凡墨,烧烟、凝质而为之。也就是说,墨汁是烧木头或者油料取得的碳粉。因为木头在不充分燃烧时会产生大量炭黑,这些炭黑被收集起来,再加上胶质和水,就制作成了墨汁。

其实在掌握制作炭黑之前,人们是用天然的石墨磨成粉作为墨汁的原材料的。石墨是一种碳,质地柔软,这种晶体遇到浓硝酸、高锰酸钾等强氧化剂,就会被氧化。石墨离我们的生活并不遥远,比如,干电池里就有石墨,铅笔的笔芯也是石墨做的。

木头不充分燃烧时产生的炭是墨汁的主要原料

葡萄汁和葡萄酒

葡萄汁，就是用葡萄果肉榨成的汁。和葡萄的营养成分一样，葡萄汁含有蛋白质、植物纤维、铁、磷、钙、钾、胡萝卜素、糖和十几种氨基酸及果酸。葡萄汁的营养价值非常丰富，有着"植物奶"的美誉。

比起葡萄汁，葡萄酒就不同了。它是葡萄汁经过发酵后含有酒精的一种果酒。不过葡萄酒的酿造也离不开葡萄皮，因为它可以为葡萄酒提供单宁和色素。葡萄汁是酿造葡萄酒的关键原料，葡萄汁里丰富的糖分在发酵时转化成酒精和二氧化碳。葡萄酒酒精度数的高低取决于发酵的时间和葡萄糖分的多少。如果糖分完全转化成酒精，就是干型葡萄酒，没有任何甜味；如果人为中断糖分继续发酵，保留一部分糖分，那酿出来的葡萄酒就会有不同程度的甜味啦。

化学加油站：热源现形法

除了用葡萄汁，还有一种办法可以让隐形墨汁现形，那就是用熨斗或者蜡烛加热。如果是熨斗，将加热的熨斗放到写过字的纸上熨一熨，字迹就会出现；如果是用蜡烛，就将点燃的蜡烛靠近写过字的白纸进行炙烤。小心一点儿，不要烫着自己，也别点燃纸张呀，为了安全起见，准备一盆水在旁边很必要。

果皮汁爆气球：
相似相溶原理

真奇怪，真奇怪，一直没发现，果皮居然这么厉害！

气球很常见，节日庆典、生日聚会都离不开气球来烘托气氛。有气球的地方，就很可能会出现气球爆炸的现象。比如，不小心坐到了气球上——砰！声响完全不亚于鞭炮声呀。但是，你听说过果皮汁水能使气球爆炸吗？比如，柠檬的果皮汁、橘子的果皮汁……一起来大开眼界吧！

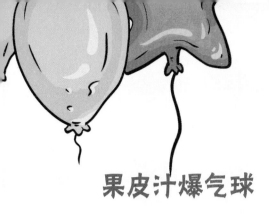

果皮汁爆气球

实验难易指数： ★★☆

准备好新鲜的柠檬皮、吹好的气球，你喜欢几个就准备几个。为了实验的安全，最好准备一些塑料胶棒，把吹好的气球绑在塑料胶棒上。戴上护目镜和厚一点儿的手套，准备"爆气球"喽。

拿好柠檬皮，对准气球用力挤压吧。只见柠檬皮里的汁水像水枪发射一样射向圆鼓鼓的气球。就在那一瞬间——"砰"的一声，气球爆炸了。这个实验，你还可以用橘子皮、橙子皮来代替柠檬皮。提醒你哟，气球要是吹得不够大，或者表皮太厚，就很难爆炸，实验就不容易成功啦。

> **实验小贴士**
>
> ★实验中须佩戴护目镜、手套、口罩，并穿好防护服。
> ★应选用新鲜多汁的柠檬皮，气球表皮不宜过厚。

果皮"出油"溶橡胶

没想到不起眼的柠檬皮、橘子皮、橙子皮在气球面前居然成了武器，对付起气球来这么快速了得。

咦？细心的你发现了吗？柠檬皮、橘子皮和橙子皮，这些都是柑橘类水果的表皮呀。它们的表面都是坑坑洼洼的，像是被放大了的毛孔，而且还具有丰富的汁液。再进一步观察，你会发现，它们里面还都富含带有芳香气味的油脂。

找到了，就是这些油脂爆掉了气球。原来呀，这些柑橘类的果皮中都含有一种叫"芳香烃"的化合物——柠檬烯。它可以将气球里的橡胶溶解。气球上被溶解的地方变薄，能承受的压力就会变小。在气球里面气体的压力下，气球终于承受不住，就爆了！

相似相溶原理

　　柑橘类果皮"爆气球"其实是相似相溶原理。所谓的相似相溶，就是说具有相似的分子结构的物质可以互相溶解。溶质和溶剂的分子结构相似，比如，柑橘类的果皮和气球中的橡胶都含有烯类化合物分子，当它们相遇就会发生相溶的现象。在这个实验里，柑橘类果皮是溶剂，气球是溶质。

　　生活中也有很多类似这样相似相溶的现象。比如说，当你把水和酒精倒在一起，你能分清楚哪一部分是水，哪一部分是酒精吗？当然很难分清啦，因为它们相溶了。这是因为水和酒精都是极性物质，乙醇里的羟（qiǎng）基和水的分子结构相似，所以可以很好地溶合。了解了这个原理，我们就可以知道为什么油和水不能相溶了。

　　再举一个例子，如果你手上沾了黑色油墨，用洗衣粉比用肥皂更容易清洗。这是为什么呢？因为黑色油墨中含有苯环结构的苯胺黑，它和

柑橘类水果的果皮上含有丰富的柠檬烯

洗衣粉中的烷基磺酸钠成分有着同样的分子结构——苯环分子结构。而肥皂的主要成分是高级脂肪酸钠，不含苯环结构。根据相似相溶的原理，洗衣粉的清洗效果更好。此外，像用柠檬烯可以溶解油性笔的笔迹、用汽油可以清洗油漆、用洗甲水可以清洗指甲油，都是基于相似相溶的原理。

快去找找看，生活中还有哪些现象是基于相似相溶原理。

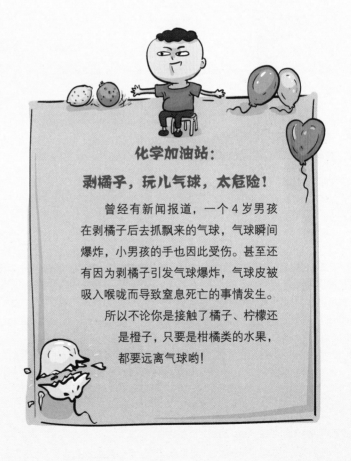

化学加油站：
剥橘子，玩儿气球，太危险！

曾经有新闻报道，一个4岁男孩在剥橘子后去抓飘来的气球，气球瞬间爆炸，小男孩的手也因此受伤。甚至还有因为剥橘子引发气球爆炸，气球皮被吸入喉咙而导致窒息死亡的事情发生。

所以不论你是接触了橘子、柠檬还是橙子，只要是柑橘类的水果，都要远离气球哟！

点水成"冰"：
不稳定的过饱和溶液

古古怪，古古怪，点水的不是蜻蜓，难道是妖怪？

"点石成金"，我们都听说过，甚至梦想着这是真的，可实际并不是这样。但是，我们可以见识一下"点水成冰"的壮观效果。虽然这和"点石成金"的差距有点儿大，但是过过瘾也是一件很快乐的事。什么？你见过蜻蜓点水，并没有结冰？不，只有点水，没有蜻蜓，而且冰是热的。很惊诧吗？

点水成冰？别难为我们了！

究竟哪只蜻蜓能把水点成冰呢？

哇，"冰"是热的

实验难易指数：★★☆

"点水成冰"需要的实验材料有醋酸钠、蒸馏水、烧杯、玻璃棒、药匙、电子秤，加热工具可以是燃气和锅，也可以是酒精灯、铁架和石棉网。实验过程请大人陪同，也不要直接用手接触化学药品。

首先称取60克醋酸钠晶体放入烧杯中，然后加入40毫升蒸馏水，将烧杯放到水浴中加热或者用酒精灯加热。请注意用火安全哟。加热的同时，用玻璃棒搅拌烧杯中的溶液到醋酸钠晶体完全溶化。溶化后，要及时断掉溶液的热源。耐心地等待溶液冷却吧。

当溶液完全冷却，用玻璃棒蘸取一点儿醋酸钠晶体，插入溶液中。这时候千万不要眨眼哟，因为当你把玻璃棒插到溶液的刹那，白色针状晶体就会生成，并且迅速扩散，好像是冬天的霜挂和冰花。哇，"点水成冰"啦！这时你再摸一摸杯子，是不是很热？

实验小贴士

★ 实验中须佩戴护目镜、手套。

★ 取用醋酸钠晶体应使用药匙，禁止用手直接接触。

★ 注意用火安全，酒精灯使用结束后，以灯帽熄灭，切忌用嘴吹灭。

★ 废液应回收处理，不可倒入下水道。

★ 实验应在成人的监督下进行，注意用火安全，并备好烫伤药和灭火器材。

过饱和溶液本领大

点水能成"冰"，而且"冰"是热的！这是怎么做到的呢？其实呀，

用手接触过饱和醋酸钠溶液，会出现冰花一样的结晶

这是过饱和溶液特有的本领。当醋酸钠的热饱和溶液不受外界的震动或者干扰的时候，它往往像水一样，就是一杯清澈的液体。随着饱和的醋酸钠溶液逐渐冷却，里面的溶质醋酸钠溶解能力下降，就变成了醋酸钠的过饱和溶液。过饱和醋酸钠溶液具有不稳定性，随着时间的变化，它们先是结成冰花一样的结晶，进而会结成一整块"冰"。这就是它能被"点水成冰"的原因。除此以外，用硝酸钠、硫酸钠晶体也可以做出同样的实验效果。

结晶

实验中的"点水成冰"现象是结晶方式的一种——冷却热饱和溶液结晶法。也就是说，当热的饱和溶液冷却后，溶质的溶解度就会降低，从而导致溶液过度饱和。这样，溶质就很容易以晶体的形式析出。你见过蜂蜜结晶吗？

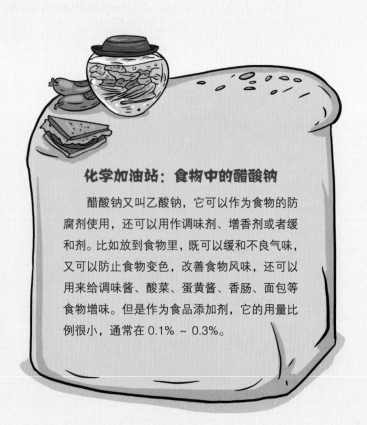

化学加油站：食物中的醋酸钠

醋酸钠又叫乙酸钠，它可以作为食物的防腐剂使用，还可以用作调味剂、增香剂或者缓和剂。比如放到食物里，既可以缓和不良气味，又可以防止食物变色，改善食物风味，还可以用来给调味酱、酸菜、蛋黄酱、香肠、面包等食物增味。但是作为食品添加剂，它的用量比例很小，通常在 0.1% ~ 0.3%。

剩下来的腌咸菜汤汁

汤汁蒸发后结晶出来的盐

当蜂蜜在温度较低的情况下存放一段时间，蜂蜜就会结晶。这是因为蜂蜜中含有大量的葡萄糖，葡萄糖具有容易结晶的特性，当长时间放在温度较低的环境，就形成了晶体。

另外还有蒸发结晶法。跟冷却热饱和溶液结晶法不同，蒸发结晶是溶剂在持续升温中蒸发，导致溶质凝聚析出，变成固体的过程。家里的食盐就可以做到。在有些地区，人们特别喜欢用盐来腌咸菜，取一点腌咸菜的汤汁放在一个碗里，就这样放着不用管它，等过一段时间，你就会发现汤汁消失了，但是碗底会留下一些颗粒，这就是盐的结晶。听说过晒盐吗？人们将海水引到蒸发池，把水分晒干，留下的结晶体就是海盐了。这种晒盐的方法就是蒸发结晶法。

呀！你实在是太不了解蜜蜂了。

蜂蜜变白了，你确定不是加了白糖？

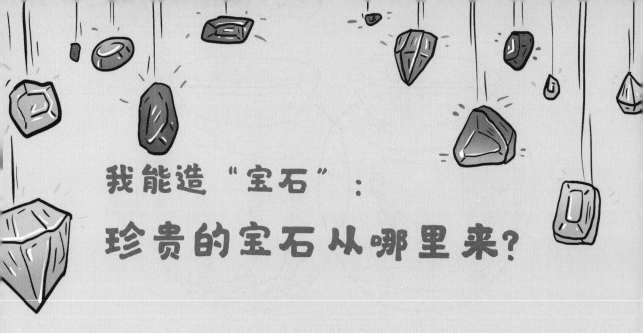

我能造"宝石"：
珍贵的宝石从哪里来?

古古怪，古古怪，"宝石"也能造出来!

提到宝石，你会怎么想? 几乎所有人都会觉得它们价值不菲。不过今天，我们就来做几块"宝石"，让你过过瘾。哇，原来化学实验也可以做出宝石。这可不能当真的宝石哟。今天我们继续学习蒸发结晶法。

嘿嘿，天上掉宝石了，我要变大富翁了!

我是"宝石"匠

啊哈！我也捞一块宝石。

实验难易指数：★★★

在实验开始之前，请记得戴上护目镜、手套和口罩哟。

制作"红宝石"需要的材料有铁氰化钾和水。再准备两个烧杯、一把镊子、一根玻璃棒、一些细线、一个小盘子、漏斗和滤纸、透明指甲油、一根铅笔或者一根小木棍和一把药匙。

制作的过程非常简单，不过需要多一些等待的耐心。首先在烧杯中加入 100 毫升水，用药匙加入一些铁氰化钾，再用玻璃棒搅拌帮助它溶解，制成铁氰化钾饱和溶液。把溶液放在没有太阳光照的地方静置一段时间。大概一两天以后，铁氰化钾溶液中就会有结晶析出。在漏斗中放入滤纸，将饱和铁氰化钾溶液过滤到另一个烧杯中，这就是制作"宝石"的材料啦。

把结晶倒进小盘子里，用镊子挑选一块大的，放到一根细线上，将线像系鞋带一样系一下，使结晶牢牢地被细线固定。接下来，将一根铅笔或者小木棍绑在细线上，让结晶可以悬挂在烧杯里。让红色的结晶体在过滤出来的溶液里饱饱地睡上一觉。可能一周、十天或者二十天，只要你觉得晶体长到你想要的大小就可以了。将结晶从溶液里捞出来，擦干以后可以涂一层透明指甲油，闪闪亮亮的，是不是很像一块宝石呢？

实验小贴士

★ 实验中须佩戴护目镜、手套、口罩。

★ 取用铁氰化钾应使用药匙，选取铁氰化钾结晶应使用镊子，禁止用手直接接触实验药品。

★ 废液应回收处理，不可倒入下水道。

★ 实验应在成人的监督下进行。

在溶液中"长大"的结晶宝石

119

化学结晶

漂亮的"宝石"其实并不玄妙，它的形成是化学中一种常见的现象——结晶。这种利用混合物的溶液在不同的冷热温度中产生的结晶析出的现象，就是蒸发结晶法。铁氰化钾饱和溶液随着水分的不断蒸发和流失，就形成了过饱和溶液。在这个过程中，铁氰化钾会慢慢析出。当把析出的晶体再次放到铁氰化钾溶液里，结晶体就会因溶液继续析出结晶而慢慢变大。

利用这个方法和其他合适的化学物质，还能制作出"蓝宝石""紫宝石"呢。

宝石都有哪些成分？

制作完了"宝石"，你有没有好奇真宝石是怎么形成的呢？它们有什么成分呢？

其实，真宝石的形成也需要化学物质。比如，蓝宝石中的主要成分是氧化铝，还有少量的钛和铁等物质，蓝色的形成主要就是因为钛的化合物；红宝石之所以是红色，是因为里面含有铬元素。科学

岩浆冷却后，会有一部分矿物质结晶成珍贵的宝石

120

宝石从哪儿来？

宝石就是一种非常珍贵的石头。它们是天然的矿石，经历地下几百万年的孕育才能形成。在所有矿石中，宝石最美丽、最珍贵，也最稀少。它们看上去晶莹漂亮，坚硬里散发出璀璨的光芒。当火山爆发后的岩浆冷却，经过长时间的积累，其中有少部分的矿物质慢慢结晶，最终形成了珍贵的宝石。也有的宝石是地表的水溶液长时间结晶形成的，属于沉积岩。还有的是在压力高温下矿物质再结晶形成的，它们属于变质岩。宝石的种类很多，如钻石、尖晶石、红宝石、蓝宝石、和田玉、翡翠、水晶、猫眼石等都是宝石。

家很早之前就用氧化铝和氧化铬制造出了红宝石。

玉石也是我们经常见到的，很多人喜欢购买玉石做的首饰。玉石的主要成分是二氧化硅、三氧化二铝、氧化钠。除此以外，玉石中还有大量的微量元素，如锌、铁、铜、锰、镁、钴、硒、铬、钙、钾、钠等。这些微量元素对人体有益，难怪说玉能养人呢。

还有一种非常珍贵的宝石，那就是钻石。

你知道钻石的主要成分是什么吗？说起来简直不可思议，晶莹剔透的钻石的主要成分居然是碳。碳不是黑黑的吗？别误会，钻石里的碳是单一的碳元素晶体，它和黑黑的碳的结构排列完全不同。单一的碳元素在地球深处经过高温、高压的作用和长久的时间，最终形成的晶体就是钻石。另外，钻石里还有硅、镁、铝、钙、镁、镍、钠、铜等多种微量元素。钻石又叫金刚石，坚硬无比，在已知的矿石里，钻石是最坚硬的了。

其实是钻石的亲戚——碳

呜呼！我找到钻石了！

图书在版编目（CIP）数据

化学太有趣了.奇妙的化学实验 / 张姝倩著. —成都：天地出版社，2023.1（2024.2重印）
（这个学科太有趣了）
ISBN 978-7-5455-7238-4

Ⅰ.①化… Ⅱ.①张… Ⅲ.①化学 – 少儿读物 Ⅳ.①O6-49

中国版本图书馆CIP数据核字（2022）第177045号

HUAXUE TAI YOUQU LE · QIMIAO DE HUAXUE SHIYAN

化学太有趣了·奇妙的化学实验

出 品 人	杨　政
作　　者	张姝倩
绘　　者	李文诗
责任编辑	王丽霞　李晓波
责任校对	卢　霞
封面设计	杨　川
内文排版	马宇飞
责任印制	王学锋

出版发行	天地出版社
	（成都市锦江区三色路238号　邮政编码：610023）
	（北京市方庄芳群园3区3号　邮政编码：100078）
网　　址	http://www.tiandiph.com
电子邮箱	tianditg@163.com
经　　销	新华文轩出版传媒股份有限公司

印　　刷	三河市嘉科万达彩色印刷有限公司
版　　次	2023年1月第1版
印　　次	2024年2月第5次印刷
开　　本	787mm×1092mm　1/16
印　　张	26（全三册）
字　　数	359千字（全三册）
定　　价	128.00元（全三册）
书　　号	ISBN 978-7-5455-7238-4

有趣的化学知识

张姝倩◎著　李文诗◎绘

天 地 出 版 社｜TIANDI PRESS

前　言

走进瑰丽又奥妙的化学世界

亲爱的小读者，在日常生活中你有没有留意过这些现象和问题：

切洋葱时为什么会止不住地流泪？

小小的暖宝宝热量是从哪里来的？

刚切开不久的苹果为什么变成褐色？

烟花为什么会有各种绚烂的颜色？

汽水里为什么会钻出来一个个小气泡？

为什么用久了的水壶会结出一层灰白色水垢？

…………

其实，这些有趣的现象都可以用化学知识来解释。

化学是一门以实验为基础的研究物质的组成、结构、性质及其变化规律的科学，也是一门和人类生产、生活息息相关的科学。人类从原始社会发展到现代文明社会，就是一部化学的发展史。

但因为化学内容过于抽象，往往不易被理解，对小读者来说更像是谜一样的存在，更谈不上深入研究了。

为了让更多小读者喜欢上化学，乐于探索化学世界的奥妙，我特意编写了这一套《化学太有趣了》。

丛书共分为三册，《有趣的化学知识》着重介绍了化学的基础知识，力求为小读者构建起基本的知识框架。在这本书中，小读者可以认识到无处不在的分子、随处可见的元素，辨别质子与中子的不同，参加热火朝天的酸碱大赛……

化学是实验的科学，动手能力和基础知识同样重要，因此在《奇妙的化学实验》中我设计了30个操作性强、危险度低的小实验。大部分实验中的材料和工具，都是生活中常见的物品。小读者可以学到如何让小

木炭跳舞，怎样做一座会喷发的小火山，甚至可以自己配制一杯好喝的汽水。此外，书中特别设置了"难易指数"，小读者可以依此判断是否需要爸爸妈妈的帮助。做实验时要记得做好保护措施，千万不要受伤哦。

在生活中，同样存在着无数好玩的化学现象，小读者见到后总会有"这种现象是怎么回事""那种反应又是什么原因"之类的疑问。为此，《生活中的化学》将详细讲述生活中的化学现象。咖啡为什么这么苦？醋除了调味还有什么妙用？臭豆腐的臭味是从哪儿来的？不粘锅"不粘"的秘诀在哪里？这些问题都将一一得到解答。

全书语言力求风趣幽默，尽量避免过度使用专业术语，并且在每个章节中，我都精心准备了"化学加油站"栏目，用以讲述各种有趣的知识。此外，书中还配有大量富有童趣的手绘插画，希望它们为小读者插上想象的翅膀，让科学变得趣味盎然。

最后，我衷心期望这套书能让小读者在趣味阅读中增长智慧，快乐成长！

在编写的过程中难免有疏漏之处，欢迎小读者提出宝贵意见，帮助我们改进和完善。

现在，欢迎来到瑰丽又奥妙的化学世界！不要迟疑，请尽情遨游吧！

谨以此丛书献给每一位勇于探索的小读者！

张姝倩

2022 年 9 月

目录

呼哧呼哧，冲啊！一起探寻化学的奥秘 / 002

轻飘飘，咕嘟嘟！我们离不开的空气 / 008

密密麻麻，跑来跑去！无处不在的分子 / 014

古灵精怪！水、冰、汽三兄弟 / 020

层层叠叠，紧紧密密！看不见的原子 / 026

伤脑筋！分子与原子的关系 / 030

吱吱，嘭！四处碰撞的质子 / 034

圆滚滚，笑嘻嘻！劝架的中子 / 040

轻悠悠！原子的质量 / 044

噼里啪啦，嗖嗖！不安分的电子 / 050

小气？大方？带电的离子 / 056

互相结合的微粒们 / 062

各式各样，神通广大！随处可见的元素 / 066

稍息，立正！给元素们排排队 / 072

铛铛铛，好硬！超有个性的金属元素 / 078

潮乎乎，气鼓鼓！常见的非金属元素 / 082

安安稳稳，静悄悄！害羞的惰性元素 / 088

呜哇，害怕！恐怖的放射性元素 / 092

孪生兄弟——同位素 / 096

干干净净，整整齐齐！纯净的单质 / 100

多姿多彩，哇！超大量的化合物 / 104

闹哄哄！氧化物大家族 / 110

急飕飕，乱糟糟！暴躁的酸 / 116

慢吞吞，懒洋洋！安静的碱 / 122

开始！酸碱运动会 / 128

五彩缤纷的盐世界 / 132

鼓囊囊，混合！稳定的溶液 / 136

加压，升温！溶解度的秘密 / 142

旋转，加速！开始分离溶液 / 146

溶液的亲戚：乳浊液 / 150

Chemistry

翻开这一页，
欢迎来到瑰丽
又奥妙的
化学世界！

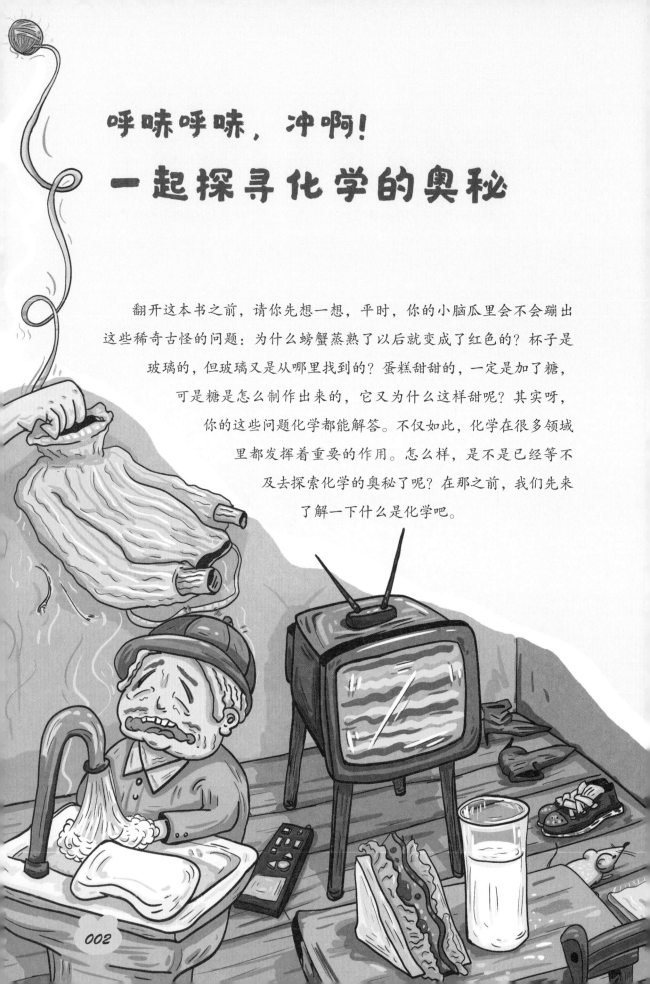

呼哧呼哧，冲啊！
一起探寻化学的奥秘

翻开这本书之前，请你先想一想，平时，你的小脑瓜里会不会蹦出这些稀奇古怪的问题：为什么螃蟹蒸熟了以后就变成了红色的？杯子是玻璃的，但玻璃又是从哪里找到的？蛋糕甜甜的，一定是加了糖，可是糖是怎么制作出来的，它又为什么这样甜呢？其实呀，你的这些问题化学都能解答。不仅如此，化学在很多领域里都发挥着重要的作用。怎么样，是不是已经等不及去探索化学的奥秘了呢？在那之前，我们先来了解一下什么是化学吧。

什么是化学

听起来，化学像是一门高深而艰涩的学科，可实际上，化学哪有那么复杂，它一直隐藏在我们的日常生活之中。我们起床以后穿在身上的衣服、洗漱时用的牙膏和香皂、吃早点时桌子上的三明治与牛奶、外出时乘坐的公交车、晚上回到家看的电视……可以说我们一睁开眼睛就能看到化学的影子。

可化学究竟是什么呢？专业的人士或专业的书籍，将化学严肃而刻板地定义为：化学是研究物质的组成、结构、性质及其变化规律的一门基础学科。这样枯燥的解读太让人头疼了，读起来也是一头雾水。有没有什么更容易理解的介绍呢？其实简单来讲，化学就是一门研究物质的科学，这里所说的物质可以是生活中常见的水、空气，也可以是躲在化合物中的稀有元素。我们学习化学就是去研究它们的性质，看破它们的变化。这样说起来，"化学"一词也可以作"变化的科学"理解吧。

了解了化学在研究什么，那么我们该怎样开始研究呢？生活中，我们每次结识新朋友的时候，第一件事情都是问清对方的名字、性格、兴趣和爱好之类的信息。那么认识一个新物质，首先也要了解它的名称、颜色、存在状态等特征，知道了这些，你就已经简单地认识它

嘀！

别想逃出我的手心。

水被电分成了氢气和氧气

了。可有时候，这个调皮的新朋友会换一身衣服，摇身一变，让你完全不认得。就比如水，平时的它是一种无色无味的液体，可当通上电以后，水就会变成氢（qīng）气和氧气逸散出去，那么辨别出这种变化，合理利用这种变化，就是学习化学的任务啦。

化学能做什么

化学是自然学科的一门基础学科，它是我们认识世界、增进与世界联系的工具之一。同时，化学还作为很多前沿学科的核心而存在，它的知识在各个方面都有着广泛的应用，因此被称为"中心科学"。在人类对大自然的不断探索中，化学与物理学、生物学、地理学等学科相互交叉、相互渗透，取得了长足的发展。这些发展也许你也听说过，比如非常有名的纳米科学、生物化学、材料化学等。

看到这里，你是不是又变得迷茫起来了？别急，化学能做什么，我们再从实际应用的角度来讲讲，也许有很多东西你已经用上了呢。

我们都知道农作物的生长离不开土地，但你有没有发现，有的地方它生长得很好，结出的粮食也非常多，而有的地方却只稀稀拉拉地长着几株，一年到头也没收获几粒粮食。往往这个时候，人们会把那块农作物长得好的地称为"肥田"，而把另一块称为"瘦田"。这个肥和瘦指的可不是土地的"身材"，而是它的肥力。原来，土地里蕴含着很多有

利于植物生长的营养元素，它们就像一个又一个努力工作的小人儿，源源不断地钻进植物的身体里，帮助它慢慢长大。但是土地里这些营养元素是有限的，被植物吸收太多的话，土壤就会变得不够肥沃了，植物们没有了营养元素的帮助，长得歪歪扭扭，可怜极了。所以人们就想了各种方法来给土壤增加肥力，像轮种瓜类和豆类、给土壤施农家肥等。后来化学家们偶然制成了化学肥料，这种肥料能够快速地补充土壤里缺少的营养元素，而且养分更高，更容易被植物吸收。因此，化肥出现以后，农作物的产量逐年提升，很多地方的粮食危机都得到了缓解。

除了生产化肥，人们还利用化学研发药物、疫苗，利用化学开发新能源、新材料，利用化学解决污染问题、保护环境……可以说，一个国家化学工业水平的高低，直接影响着国民生活质量的好坏。你瞧瞧，化学肩负着多么重要的任务啊！

改变世界的化学

化学是一门非常古老的学科，在很早很早以前的原始社会，化学就已经萌芽了，原始人类驯服火焰，用它来照明、取暖与狩猎，而火焰燃烧本身就是一种非常典型的化学现象。后来出现的陶瓷是矿

任劳任怨的营养元素们

加油！小树长大全靠我们！

物在高温中产生化学变化而来的，看着光滑的陶瓷，你能认出来这原本是粗糙的黏土和砂粒吗？在古代，人们还铸造出一种铜与锡或铅的合金，它的表面经过漫长的氧化作用，呈现美丽的青色，所以被称为青铜。除了它们，酒、染料、火药、纸张等影响深远的化学产物，都是古代化学家们在实践中摸索，努力创造出来的。所以，化学还是一门以实验为基础的科学。下面，我们一起来认识这些极为有用的化学发明吧！

塑料在日常生活中随处可见，它可以依照人类的要求变化成餐具、包装袋、工艺品，甚至衣物、首饰。可你知道塑料是谁发明出来的吗？早在 20 世纪初，美国化学家列奥·亨德里克·贝克兰就发明了世界上第一种完全由人工合成的塑料——酚醛（fēn quán）塑料，塑料时代就此开始，贝克兰也因此被称为"塑料之父"。

1939 年，瑞士化学家米勒经过长期的实验研究，发现一种名叫"DDT"的化合物能够杀死几乎所有的害虫。鉴于它强大的杀虫功效，米勒就用它制造出了杀虫剂。这便是世界上第一种有机合成农药。有趣的是，这样神奇的 DDT 早在半个世纪前就已经被奥地利化学

化学加油站：化学的分类

依照研究对象和方法的不同，化学可以分为无机化学、有机化学、分析化学、物理化学和高分子化学。

无机化学是指研究无机化合物的化学，常见的无机化合物包括二氧化碳、硫酸、氯化铜、氢氧化钠、氧化钙等。

有机化学又称为碳化合物的化学，是专门研究有机化合物的科学。常见的有机化合物有橡胶、纤维、热塑性塑料、石油、天然气等。

分析化学是研究物质化学组成、含量、结构的分析方法及理论的科学。简单来讲就是鉴定物质由什么组成，测定各种组成物质的含量，确定物质的结构与存在形态。

物理化学是运用物理学的理论和手段来探索化学变化基本规律的学科。

高分子化学是研究高聚合物的合成、反应、化学和物理性质以及应用等方面的学科。

家欧特马 - 勒德勒合成出来了，只是当时人们不知道它可用于杀虫。杀虫剂的发明使得农作物因免受虫害侵犯而产量增加，连疟（nüè）疾和痢（lì）疾这类病症都得到了有效控制。但是，科学家们后来发现 DDT 在环境中非常难以降解，对人类健康和生态环境均存在危害，现在许多国家都禁止使用 DDT 了。

牙膏的主要成分是碳酸钙和氟（fú）化钠（nà）：碳酸钙作为一种摩擦剂，用来清洁牙齿上的污渍；氟化钠可以防止龋（qǔ）蛀，强健牙齿。世界上第一支加氟牙膏是 1945 年在美国研制出来的。

1938 年，美国化学家罗伊·普朗克特在阴差阳错之中制造出了一种全新的物质，这种物质不怕火，不怕水，加热到很高的温度也不会融化。基于这种强大特性，一开始它被应用在军事领域，并有了一个"特氟龙"的名字。直到 1954 年，法国工程师格里瓜尔创造性地将特氟龙镀在铝锅的表面，就这样，不粘锅诞生了。

读到这里，我想告诉你一个好消息：你已经读完本书的第一个章节了，这代表你对生活中的化学有了些简单的了解，干得好！只是，你还想知道更多吗？那就继续往下看吧！

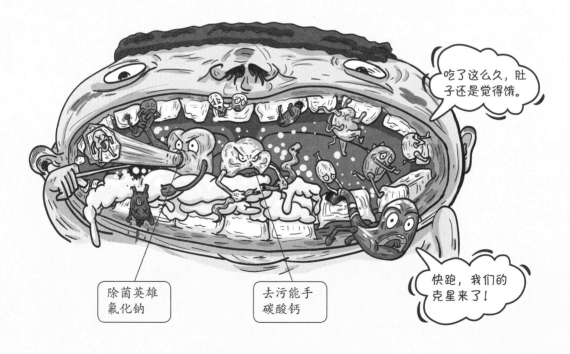

轻飘飘，咕嘟嘟！
我们离不开的空气

　　原来，我们生活的世界里一直藏着这么多化学小精灵，在它们的共同努力下，世界才变得这样多姿多彩。可是，我们认识到的这些都是可以看见的东西，那些看不见的东西，比如我们一刻都离不开的空气呢？从它的身体里我们也能找到小精灵吗？别急，让我们先来了解一下空气的组成吧。

大胖子氮气

害羞的稀有气体们

二氧化碳和水宝宝

空气的组成

空气轻飘飘的，看也看不见，抓也抓不着，里面能藏着什么呢？说起来，空气的"空"不就是"空无一物"的意思嘛！如果你是这样想的，那可就大错特错了。空气非但不"空"，反而丰富得不得了呢！

在无穷无尽的空气中，存在着非常多的物质，如果按照它们在空气中所占的体积来划分，那么，氮（dàn）气就是当之无愧的第一名。别看氮气的名字不怎么响亮，可它却占据了空气78%的体积，比地球上海洋所占的比例还大呢。这下，你就知道空气中氮气的含量有多么庞大了吧。

排在氮气之后的便是氧气。比起空气主力军氮气，氧气所占的比例就只有少少的21%了，可体积小不代表本事小。小个子氧气的作用可大了，没了它人们甚至连几分钟都活不下去，就算是医疗卫生与化工生产这样专业的领域都活跃着它的身影。讲到这里，相信聪明的你已经看出来了，氮气和氧气的体积比加到一起是99%，这几乎算是空气的全部了。不错，空气的主要组成部分就是氮气与氧气，它们两兄弟混合在一起，维持了空气一种特定的平衡状态。

那么，剩下的1%中还有什么呢？有一些叫氦（hài）气、氖（nǎi）气、氩（yà）气、氪（kè）气、氙（xiān）气的气体，因为它们太过稀少，所以人们又给它们取了一个共同的名字——稀有气体。稀有气体稀少到什么程度呢，这样说吧，就算它们加在一起，也只占据空气体积的0.94%。不过，它们与剩下的二氧化碳、水和其他杂质比起来已经足够多了，因为剩余的这些物质只占可怜的0.06%。

其实，我们能知道这样准确的数据，还要感谢那些测量气体含量的科学家们。

在过去，人们认为空气是一种单一的气体，直到1773

小个子氧气

年前后，瑞典化学家舍勒发现了空气中氧气的存在。接着法国科学家拉瓦锡通过实验证实了空气中还存在着另一种气体——氮气。后来，英国物理学家雷利和英国化学家拉姆塞，共同发现了空气中的稀有气体。从那以后，人们对空气成分的测量便日益精确。

各种气体的作用

作为空气家族的大哥，氮气总给人一种安静沉稳的印象，这也许和它独特的化学性质有关。在常温条件下，氮气是一种无色无味的气体，密度比空气略小，通常没有毒性，而且很难和别的物质发生化学反应。所以，当各种物质在一起快乐地玩耍时，你总能看到氮气安安静静地待在一旁，从不表现。不过如果将它冷却到–196℃，氮气就会变为液态氮，这个时候你就可以捕捉到氮气的踪迹了。继续冷却到–209.86℃，液态氮就会变成雪状的固态氮，这种状态的氮气洁白透明，漂亮极了。

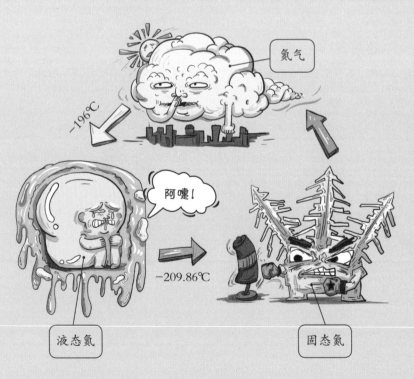

氮气

–196℃

阿嚏！

–209.86℃

液态氮

固态氮

可是，氮气这样不活泼，能有什么用呢？其实，在化学世界里，很多物质都非常容易发生化学反应，像氮气这样拥有稳定特性的物质反而非常难得。于是人们将氮气填充到食品包装袋中当作保护气，以延长食品的保质期限。我们在超市里见到薯片一类的零食包装袋几乎都圆鼓鼓地膨胀着，就是因为里面充满了氮气。除了零食，氮气还可以用于保存古董书画、粮食、蔬菜等。液氮则作为一种安全廉价的制冷剂，广泛应用于各种领域。

说起氧气，它可是大气中最活跃的成分，就算在整个化学世界里也是鼎鼎有名的。氧气是一种无色无味的气体，密度比空气略大，大部分物质都可以和氧气起化学反应，所以，氧气的好朋友非常多，含氧的物质更是遍布世界各个角落，连你的牙齿和骨骼（gé）都有大量含氧的无机化合物。

氧气的作用更是不小，它是生命运行最基本的保障，一个人可以一周不吃东西，三天不喝水，但是如果不呼吸氧气，连几分钟也活不下去。自然界的动物们也都需要氧气来维持生命。在工业上，纯净的氧气可以帮助炼钢。在航天方面，液氧是最好的助燃剂。此外，金属的锈蚀也需要氧气的参与。既然这么多地方都需要消耗氧气，那它会不会有一天被用完呢？

其实，在地球周围环绕着大约1000千米厚的大气层，在这片大气层中约有4000万亿吨气体，可想而知，氧气的含量是多么庞大啊。而且，植物可以通过光合作用来生产新鲜的氧气，所以说大气中的氧气含量几乎是不会变化的。

稀有气体还有一个名字，叫作惰（duò）性气体，它们一个个都是懒家伙，从不爱和别的气体打交道，甚至比氮气还要内向。因此，它们被广泛地应用在医学、工业以至日常生活里，比如氩气就可以填充到灯管里制成霓（ní）

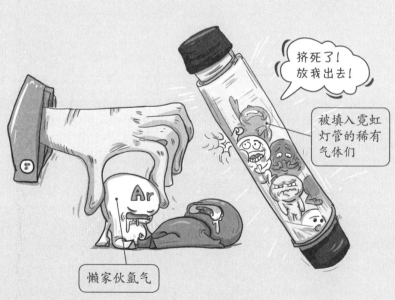

挤死了！放我出去！

被填入霓虹灯管的稀有气体们

懒家伙氩气

虹灯；氖气性质非常稳定，不会燃烧爆炸，而且轻盈无比，可以代替氢气充到飞艇里。

生活中常见的空气污染

我们前面介绍过空气中各种组成成分的比例，依照这样的比例，空气才能维持住平衡，不会出乱子；但如果空气里某一种气体的含量不断增加，便会破坏掉这种平衡，空气就可能遭受污染。生活中比较常见的几种污染源包括工业、采暖、交通运输等。

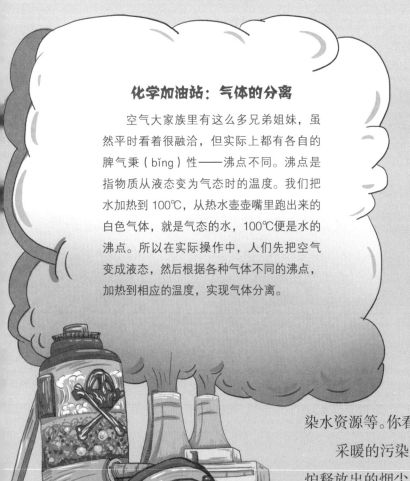

化学加油站：气体的分离

空气大家族里有这么多兄弟姐妹，虽然平时看着很融洽，但实际上都有各自的脾气秉（bǐng）性——沸点不同。沸点是指物质从液态变为气态时的温度。我们把水加热到100℃，从热水壶嘴里跑出来的白色气体，就是气态的水，100℃便是水的沸点。所以在实际操作中，人们先把空气变成液态，然后根据各种气体不同的沸点，加热到相应的温度，实现气体分离。

工业生产是空气污染的一个重要来源。以前人们常会看到高高竖立着的大烟囱，工厂生产过程中产生的二氧化硫（liú）和二氧化氮等气体，都是从这里排到空气中的。而这些污染气体便是形成酸雨的主要原因。酸雨降落到土地上，会使大片森林和农作物受到毁坏，加速了土壤营养元素的流失，还会腐蚀金属、污染水资源等。你看，酸雨的危害多么大啊！

采暖的污染主要是生活炉灶和采暖锅炉释放出的烟尘、二氧化硫和一氧化碳等

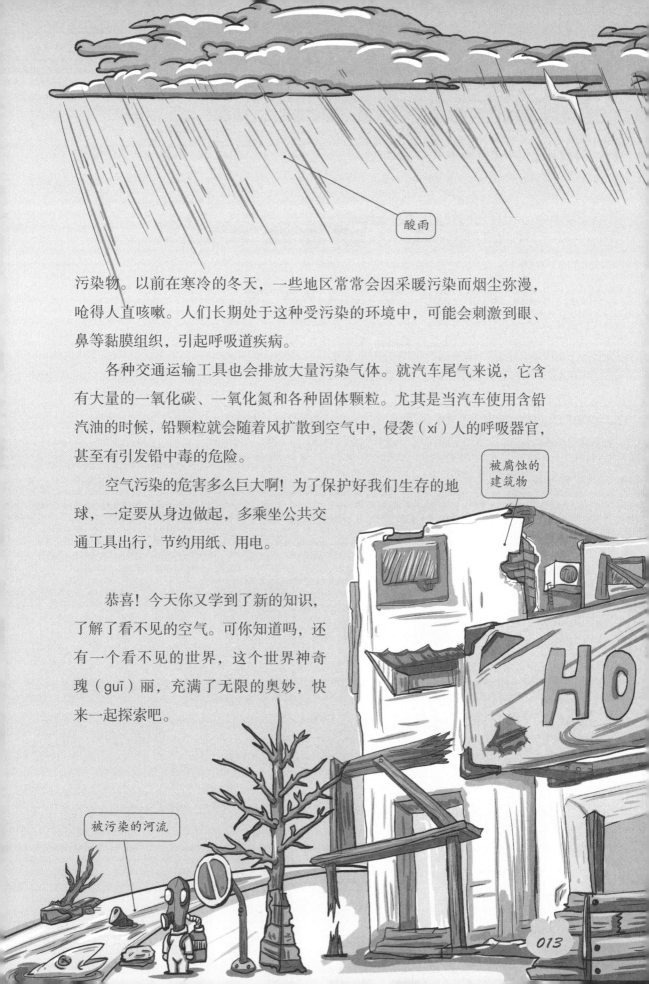

酸雨

污染物。以前在寒冷的冬天，一些地区常常会因采暖污染而烟尘弥漫，呛得人直咳嗽。人们长期处于这种受污染的环境中，可能会刺激到眼、鼻等黏膜组织，引起呼吸道疾病。

各种交通运输工具也会排放大量污染气体。就汽车尾气来说，它含有大量的一氧化碳、一氧化氮和各种固体颗粒。尤其是当汽车使用含铅汽油的时候，铅颗粒就会随着风扩散到空气中，侵袭（xí）人的呼吸器官，甚至有引发铅中毒的危险。

被腐蚀的建筑物

空气污染的危害多么巨大啊！为了保护好我们生存的地球，一定要从身边做起，多乘坐公共交通工具出行，节约用纸、用电。

恭喜！今天你又学到了新的知识，了解了看不见的空气。可你知道吗，还有一个看不见的世界，这个世界神奇瑰（guī）丽，充满了无限的奥妙，快来一起探索吧。

被污染的河流

密密麻麻，跑来跑去！
无处不在的分子

　　咦？挂在晾衣架上的湿衣服怎么晒了一会儿就变干了？为什么还没靠近花朵，就闻到了它的香味？往水里放上一块糖，不一会儿整杯水都变甜了，这又是怎么回事？生活中这些奇奇怪怪的事情，究竟谁能解释呢？其实，在很久之前，这样的问题也难倒了许多科学家，不过在长期的实践和思考中，他们终于发现地球上还存在着一个我们看不见的微观世界。之所以出现那些奇怪的事情，就是微观世界的小不点——分子在捣蛋呢。

小小的分子

　　平时，我们对那些微小的事物总是用空中飘浮的尘埃来形容，可分子比尘埃还要小上许多。单个的水分子，就连寻常的显微镜都观察不到，一百万个水分子排成的一列横队，甚至能穿过一根针的针孔！分

谢谢惠顾！

子实在是太小了，只有使用一些非常先进的科学仪器，才能比较清楚地看到它。

正是因为分子的身体太过渺小了，所以我们肉眼能看到的哪怕是一丁点物质里，包含着的分子数量都大得惊人。

一滴水中有无数个水分子

水龙头里滴下来的一滴水足够小了吧，可这滴水里藏着的水分子足足有 167000000000000000000 个。这么说吧，这一滴水里的水分子让一亿个人来数，每人每分钟数上一百个，就这样一刻不停，也要数上三十万年才能数完。而我们一口两口，几下就喝完的一罐汽水，所含的水分子数量要比沙漠里的沙粒还要多。这下，你被自己肚子里的水分子吓了一大跳吧。

不过，你也别瞧不起分子这个小个子，事实上我们整个世界，包括你手里捧着的这本书，都是由像分子这样的微粒构成的。如果一滴水里的水分子手拉手排成一列长队，那么这个队伍的长度能够达到六亿多公里，这相当于是地球到太阳距离的四倍多！如果没有经过科学家的计算，这样的结果说出来怕是谁也不信。

分子的质量也非常小，小到我们根本感觉不到，所以哪怕它们数量这样庞大，无处不在，它们也只是微观世界的一个小不点。

不安分的分子

我们了解了分子的基本概念，可你知道吗，分子还是一个不安分的家伙，它时时刻刻都处在运动之中，我们生活中许多变化都和分子的运动相关。下面就让分子来解答那些让人想破脑袋的问题吧。

把红色墨水滴在一杯水中，红墨水就会向四周不断扩散，转眼间，整杯水都变成了红色的。这是因为，墨水中红色染料的分子在水里自由地运动，水里每一个角落都有染料分子的踪迹，于是整杯水都被染红了。

明明没有靠近花朵，就能闻到花朵的香味，那是因为花朵的香气分子传到了空气中，随着风又扩散了很远很远，在你还没察觉的时候，调皮的分子就已经钻进你的鼻子里了。

而鼻子能够辨别不一样的味道，是因为每一种物质的分子对嗅（xiù）

觉神经产生的刺激不同，鼻子闻到的气味自然也不同。因此，大自然里很多动物有时会散发出特殊的气味，这种气味甚至能散布到几十千米外，它的小伙伴如果闻到了，就会跑过来和它见面。你瞧，用气味分子相互联络，简直比打电话还要方便哦。

气体水分子

湿衣服上的短跑比赛

　　湿衣服变干，是因为衣服上的水分子被阳光一晒，从液态变成了气态，气态的分子跑起来更加快速。所以，水分子们不一会儿就从衣服上散到了空气中。水分子跑光了，衣服也就干了。

　　分子的运动还和温度有很大的关系，温度越高，分子获得的能量越多，它运动得也就越快速。科学家们还认为，如果温度能够降低到 $-273.15℃$，分子甚至会完全停止运动，而这个温度就是大家常说的"绝对零度"。而当温度很高的时候，甚至连踩踏的地面都滚烫无比，根本站不住脚，分子们被烫得又蹦又跳，运动速度一下子就提高了。

　　在生活中，我们为了让衣服干得更快，还会专门烘烤，这就是利用了在高温情况下水分子运动得更快的特点。

好冷啊，我才不想动弹。

好烫，好烫，根本站不住脚！

什么，分子间还存在间隔？

我们知道空气中含有各种气体，气体又是由各自的分子组成，可不论是气体还是分子，我们都是碰不到也抓不着的。但是给自行车轮胎打气的时候，却能够把空气打进去，这又是为什么呢？难道打气筒有什么魔力吗？

其实，这涉及分子的另一个性质——分子间存在间隔。

在物质中，分子并不是一个挨着一个，紧密地靠在一起的，而是互相之间留有空隙，这是因为分子和分子之间存在着一种斥力，这种斥力会随着分子之间距离的缩短而不断变大。没想到，分子也想要自己的个人空间呢。看到这里，你是不是又一头雾水了？没关系，我们用一个很简单的例子来解释。

将一勺白糖倒入一杯水中，白糖不久就消失得无影无踪，这实在是太奇怪了，白糖藏到哪里去了？其实，这就是因为水分子间有很多的空隙，把糖放入水里以后，不断运动的糖分子就会钻到空隙中，和水分子混合

化学加油站：分子的结构

分子可不是简单的一种样子，它有好几种面孔呢，常见的就有直线型、平面三角形、四面体、八面体、三角锥形、四方锥形等。还有一种特别的分子，叫作高分子。高分子要比一般的分子庞大得多，结构更是复杂，甚至还有链状和网状，这样独特的分子结构赋予了高分子较好的强度和绝佳的性能。

到一起，我们就看不到它们了。

分子之间的空隙，不同状态的物质是不一样的。一般来说，固态时，分子间的空隙最小；液态时，分子的空隙会变大一些；而气态时，分子间的空隙是最大的。但也有例外，就比如我们常见的水，它可是一个难缠的家伙，如果我们把一定质量的水从0℃加热到100℃，水的体积是先变小后增大的。瞧瞧，它身上居然同时存在热胀冷缩和热缩冷胀两种情况。而这个转折点就是4℃，在这个温度时，尽管水还处于液体状态，但它的体积最小，密度最大，同样多的水分子挤在最小的"房间"里，分子间的空隙自然是最小的了。

因为分子间隔的这些特点，人们发现可以把一些体积庞大的气体加工成液体，甚至是固体来储存运输。打火机内的液体就是将丁烷（wán）加压液化之后再灌进去的，而液体温度计也是依靠分子受热间隔变大的原理制作出来的。至于打气筒的奥秘，想必已经被你破解了。

有点害怕和紧张了吗？没关系，微观世界的大门才刚刚打开，鼓起勇气去探索更广阔的世界吧！

古灵精怪!
水、冰、汽三兄弟

水是我们每天都离不开的东西,可你真的了解它吗?其实,水有一个庞大的家族呢,它的两个兄弟就是冰和水汽。既然提到了分子,那我们就不得不重新认识一下这三兄弟,它们可是我们今后在微观世界里经常见到的好朋友呢。

为自己身材苦恼的二哥——冰

被撑坏的新衣服

三弟快下来,要开饭了。

三兄弟的长相大不一样

这水、冰、汽三兄弟可有意思了，虽然它们的组成物质都相同，但是长得却一点也不像，你知道这是为什么吗？一起来寻找答案吧。

水是三兄弟里的大哥，它的身体非常柔软，能够随意扭动，所以常常会随着装载它的物体变化形状。科学家将处在这样状态的物质统一称为"液体"。生活中我们经常见到的液体，除了水，还有牛奶、可乐、啤酒等。

冰是三兄弟里的二哥，它的身体看起来非常强壮，摸起来硬邦邦的，和水完全不同。而且最让人头疼的是，冰的身体一点也不能变化，所以每当妈妈给它买到不合身的衣服时，它怎么使劲也穿不上去，气得它直跺脚！科学家把这种拥有自己的形状和体积的物质称为"固体"。日常生活中，我们能见到的固体太多啦，铅笔、课本、板凳，甚至连你早上刚刚吃掉的面包也是固体。偷偷告诉你，冰虽然是水的弟弟，可它比水还要胖，是个名副其实的大胖子。所以，冰常常因为自己的身材而苦恼呢。

水汽是三兄弟里最小的一个，它的身体最轻最小，而且没有固定的形状，我们甚至连它的样子都看不到。可身体小不代表本领小，水汽有一项两位哥哥都没有的能力——飞行。所以调皮的水汽常常溜出家门，到天空中玩耍。科学家把这种没有固定形状和体积的物质称为"气体"。我们之前学过的氮气、氧气和二氧化碳都是气体，水汽和别的气体一样，也存在于空气中。这么说来，在空气中生活的我们，早就遇到过水汽了啊。

原来，水、冰、汽三兄弟有这么大的区别，怪不得它们的样子完全不同呢。

三兄弟大变身

　　水、冰、汽之所以被人们称为三兄弟，还有另一个原因，那就是它们都拥有一项非常特殊的能力——变身，甚至还可以变成对方的样子。

　　你看，正在冰箱里乘凉的水，一不留神就用出了魔法，把自己变成了"二弟"——冰；一看自己的身体变得硬邦邦的，冰连忙跑到火炉上，依靠火炉的魔力变回了水本来的样子；可要是它不小心在炉子上打了个盹（dǔn）儿，那么等它醒来，就会发现自己又变成了"三弟"——水汽。

　　水汽能在天空中自由自在地飞行，所以它一点也不想变回去。但要是天气变

会用魔法的水

不得了，它变得和我一样了！

022

化学加油站：各种不同的水

矿泉水是含有矿物质的水，这种水一般来自山泉、湖泊等，富含大量人体必需的微量元素。

蒸馏（liú）水是通过将水汽化再凝结的方式得到的一种水。这种水杂质较少，是化学实验中最常使用的一种水。

纯净水是城市自来水或地下水经过处理，去除了大量杂质以后的水，这种水较之矿泉水更为纯粹（cuì）。

凉，水汽身上的魔力就逐渐消失了，变身状态也不能维持了，所以，水汽就又变回了"大哥"水的样子。

其实，三兄弟能够相互转化，是因为它们本身便是水存在的三种状态：冰是水的固体状态，即"固态"；水汽是水的气体状态，即"气态"；而我们最常见的水是液体状态的，即"液态"。

看到这里，聪明的你一定已经发现水、冰、汽三兄弟的魔法靠的就是温度了吧。在标准大气压下，温度在0℃以下，液态水会变成固体状态；温度在100℃以上，液态水会变成气体状态。

科学家们将水从液态变成固态的行为叫作"凝固"，从固态变成液态叫作"融化"，从液态变成气态叫作"蒸发"，而从气态变成液态叫作"液化"。

　　有时候，"二哥"冰还能变成"三弟"水汽的模样呢，这种从固态直接变成气态的行为叫作"升华"。在日常生活中，樟脑丸的变化就是属于这种。

　　还有一种叫"凝华"的变身方法，是物质从气态直接变成固态。自然界中霜的形成，以及雾凇、窗户上冰花的出现，都是凝华现象。

　　原来，三兄弟的大变身，其实就是不同外部条件下水的变化呀。

水的奇妙特性

　　在寒冷的冬天，北方的很多河流都会结冰，可神奇的是，住在河里的鱼儿们却安然无恙，难道鱼儿们不会感觉到冷吗？平时我们总是听到

"热胀冷缩"这个词，意思是说物体受热便会膨胀，遇冷就会紧缩，可为什么放在冷冻室里的一瓶水，变成冰以后反而把瓶子胀破了呢？这些问题就涉及水的那些奇妙特性了。

说起结冰，很多人立刻就能想到被白雪和冰川覆盖的南极、北极。没错，在这两个地方，冰层厚厚地结成一片，海面水温最高的时候也只有6℃，但是在这片海域依然生活着无数海洋生物。原来，结在水面上的冰就像一层天然的隔热层，既阻隔了来自外侧的寒冷，又锁住了内侧的温暖，冰层之下的水不但不会结冰，温度甚至还能达到4℃，鱼儿们才能安全地生活。

这冰也够奇怪的，明明是水变成的固体，却能浮在水面上，还比水胖上一大圈，实在令人费解。其实，水处在液态的时候，分子总是杂乱分布着的，很多分子都挤在一起，分子与分子之间的空隙相对更小。可当它变为固态的时候，分子却形成了一种有规律的固定结构，在这种结构下，分子之间的空隙反而增加了。这和绝大多数物质的固、液两态变化完全不同，真是太奇妙了。

冰的密度比水小，于是冰只得漂在水面之上了。

恭喜你，有关水和分子的知识你又了解了更多，接下来我们去往原子的世界。

层层叠叠，紧紧密密！
看不见的原子

一个苹果从中间切开就变成了两半，再切一下就有了更小的一半，可你知不知道，如果这样一直切下去，切到最后会剩下什么呢？是更小的苹果粒吗？还是苹果的汁液？如果你的答案是分子，那么我就要先祝贺你，你已经开始有小化学家的样子了。可我的另一个问题是：分子还可以继续分割吗？

原子的秘密

答案就是：可以！把我们的老朋友水分子请来吧，把它放大，我们就

快醒醒，是分子大盗！

会发现水分子也是由更小的微粒组成的，这种微粒的名字叫作"原子"。

化学家们将原子定义为：化学变化中的最小粒子。

这又是什么意思呢？别急，我们一起来分析一下这个定义。首先吸引你注意的，一定是"最小"这两个字。没错，在化学世界里原子是大家公认的小不点儿，连分子都比它更强壮、更高大。

而且，分子还有另一项本领——变身，它能够变成其他不同的分子。就比如氢气分子和氧气分子，它们先把自己分解成氢原子和氧原子，这两种原子可是一对投脾气的好伙伴，它们结合起来便形成了新的分子——水分子。注意！分子这个变化过程，实质上就是物质的化学变化。你瞧，原子可没有这种能力，它在化学变化中不能再分解，是最小的微粒了。

原子组合车间

分子分解车间

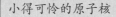

小得可怜的原子核

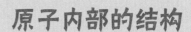

不停转动
的电子

原子内部的结构

虽然原子在化学变化中是最小的微粒，但实际上，在原子"王国"的内部，还居住着更小的粒子呢。

在原子"王国"的正中央，是居民原子核。原子核比起原子简直小得可怜，如果将原子看作是一个足球场，那原子核就只有足球场上的一只蚂蚁那么大。可你千万不要小瞧这个小个子，原子核拥有非常复杂的结构，而且几乎整个原子"王国"的能量都集中在它身上。

如果你从原子核的家里出来，想在原子"王国"里找到另一个居民，这就有点难度了。因为这整个原子"王国"里除了原子核，居然只剩下可怜的几个或者几十个电子在生活着了。电子的个头比原子核更小，而且平时不干别的，就围绕着原子核不停地转动，就像太阳系里的行星围绕着太阳运行一样，只是它们的速度快得让人难以想象，居然接近30万千米每秒，这和光传播的速度相差无几。

看到这里，你可能有点担心了：电子跑得这么快，难道它们不会发生"交通事故"吗？其实，原子核外那一大片足以容纳千千万万个微粒的原子"国土"，全都是电子的"地盘"，电子们就在这里围绕着原子核由近及远分层排布着，互不打扰。所以，就算有再多的电子也完全不必担心。

认识原子的过程

说起来，你可能对"原子"这个名字并不陌生。早在1945年第一颗原子弹成功引爆之后，原子的浪潮就席卷了整个世界，一时间"原子

时髦的原子发型

原子笔

原子弹

笔""原子电烫""原子发型"等各种强扯上"原子"的事物层出不穷。可要是你问起原子究竟是什么，当时的很多人还是一头雾水的。

而在历史上，人们对原子的认识可是经过了一个漫长而曲折的历程。

早在 2000 多年前，古希腊学者德谟（mó）克里特经过对自然世界的不断探索，得出一个结论：物质都是由各不相同的微粒组成的。他将这种微粒命名为"原子"。所以，原子本来是一个希腊名词，意思是"不可分割之物"。

只是，因为德谟克里特这种想法太过前卫，这个概念并没有被当时的人们理解与接受。

1803 年，英国化学家道尔顿又一次提出了原子的概念。这位化学家的脑子里可充满了鬼点子，他连原子的样子都没见过，就煞有介事地说原子像个实心的大皮球，是化学变化中不可再分的最小单位，物质都是由它组成的，并且每种原子都有确定的原子量。这一理论出现以后，很多科学家才开始真正把目光转移到原子上。

不久之后，意大利科学家阿伏伽（jiā）德罗又提出了"分子论"。这个理论引入了分子的概念，成功地弥补了原子论的部分缺陷，还将分子和原子区分开。从此，原子与分子的学说就这样确立下来了。

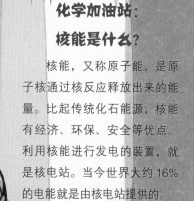

化学加油站：核能是什么？

核能，又称原子能，是原子核通过核反应释放出来的能量。比起传统化石能源，核能有经济、环保、安全等优点。利用核能进行发电的装置，就是核电站。当今世界大约 16% 的电能就是由核电站提供的。

伤脑筋！

分子与原子的关系

在之前的内容里，我们学到了微观世界里非常重要的两种微粒——分子和原子。我们来做一个知识小复盘，仔仔细细地总结一下分子与原子的关系。

我能分清分子与原子

第一次见到分子与原子的人，哪怕还没有了解它们的性质，就能分辨出这两种微粒的不同。这是为什么呢？很简单，这两兄弟的样子长得完全不同。就拿氧气来说吧，氧气分子看上去像两个大圆球手拉着手，而氧原子就只是孤零零的一个圆球。至于更复杂的化合物分子，就长得更为庞大、更有特点了。你瞧，和分子比起来，原子长得可简单多了。

可分子内部这些小圆球——原子，有时候也会闹脾气，当它们讨厌与自己牵着手的伙伴时，就会想方

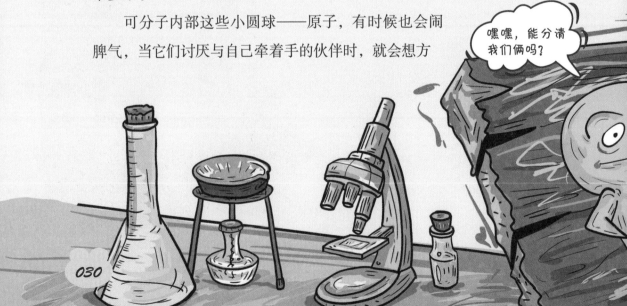

嘿嘿，能分清我们俩吗？

设法地离开。等到所有的原子互相都不再牵连的时候，分子就不见了。至于原子，它本身就是一个完整的圆球，无论怎么样也不能再分割了。

　　分子还有一个本领：它能够保持物质的化学性质。而原子却不能。就比如你最爱吃的糖块，我们将它分成一个一个的糖分子，这个时候你来尝一下（假如能够尝到的话），会惊奇地发现，糖分子还是甜的。所以，哪怕糖分子再小，它也还是糖。但如果把糖分子分成原子，那么它就不再是糖了，它失去了糖的性质和特征。那些分出去的原子也许会重新组合，变成完全不同的东西呢。

呜哇，分子和原子怎么分得清！

哎？分子和原子一模一样

令人头疼的是，等我们更深入地学习以后，居然发现原子和分子又变得一模一样了。

它们都是那样的微小又无处不在，在你周围的东西里几乎都能找到它们，只是用眼睛来寻找的话，它们可不会轻易现身。它们的质量也都很小，哪怕将上千万个分子和原子放在手心里，你也无法感受到它们的质量。

我们之前学过分子一直都处在运动之中，原子也一样，而且温度越高，原子的运动速度越快。

像分子那样，原子与原子之间也存在着间隔。这样的间隔主要依靠原子外围的电子来维持，当两个原子距离过近时，电子们就会相互排斥，将两个原子分开。在固体内部，原子之间的间隔比较小，而在液体和气体中，原子之间的间隔较大。

分子与原子的联系

原子和分子一会儿一样，一会儿又不一样，看得人头都大了，它们之间到底有什么关系呢？

相信你已经迫不及待地想要说出答案了。没错，原子构成分子，分子可以分裂成原子。这个概念，我们用学校里排座位的例子来讲可能更加清楚。

在一间排好了座位的教室，我们把每一行座位看成是一个分子，那么在座位上的同学就是原子，只有像同学们这样，按一定规则排列组合的原子才能形成分子。如果现在要重新排位置，那么同学们就要打乱重组。你看，他们首先从一行座位（也就是分子）中脱离出来，变成了自由的个体（也就是原子）。接着，同学们重新组成了新的一行座位（这便形成了全新的分子，而这个调换位置的过程就是化学变化）。

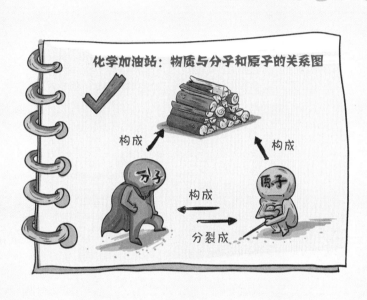

原子的排列真的很有规则呀。

化学加油站：物质与分子和原子的关系图

构成　构成

分子　原子

构成

分裂成

我们之前学过分子可以组成物质，但其实，原子也可以组成物质，比如金块就是由大量的金原子聚集形成的，铅笔内部的铅芯就是由碳原子组成的，汞原子组成了体温计里的水银。

事实上，所有的金属单质、稀有气体单质和少数非金属单质都是由原子直接构成的。

吱吱，嘭！
四处碰撞的质子

物质可以分成分子，分子又由原子构成，原子内部还有原子核与电子。到了这一步，微观世界的粒子终于不能再分割了吧？嘿！这样想可就错啦，信不信由你，科学家们把原子核也分开了，在里面找到了原子更大的秘密！

原子核的内部就像早高峰的公交车那样挤

原子核里的秘密

超难缠的质子雨林

我们之前学过原子的中心是原子核，而原子核占据了原子"王国"99.96%以上的质量，这样沉重的原子核里究竟有什么呢？答案揭晓！里面竟然有两种微粒——质子和中子。

友情提醒，你将要进入难缠的质子雨林，最好穿上你的大雨靴，不过别担心，我会带着你一起走出去的。

不知道你还记不记得，原子核的另一个特点是非常小。原子核在原子"王国"中只不过是一间小小的屋子，但就在这么小的屋子里居然住着两批居民。想一想，当所处空间太小时，就像高峰期的公交车那样，我们会是什么样的状态？没错，会紧紧地挤在一起。除了氢原子核，大多数原子核的质子和中子就是这样，它们被一股强大的核力死死地束缚（fù）着，这种力量比它们之间的斥力要大得多。这下，中子和质子就算再怎么不乐意，也只

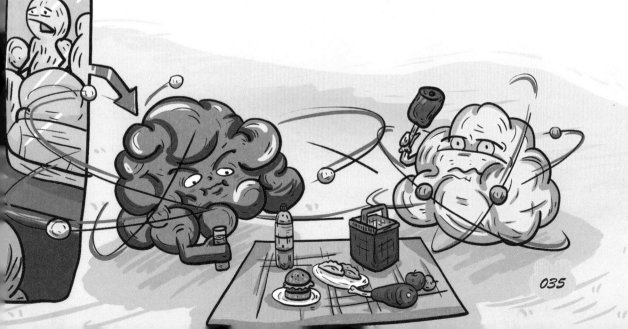

能挤在一个非常小的区域里。于是，坚实而沉重的原子核就形成了。

所以，质子和中子其实是组成原子核的两种微观粒子，科学家将它们统称为核子。

不过要注意的是，并不是所有的原子核里都有中子，就像氢原子，它就没有中子，原子核里只有一个质子。

质子的特性

作为微观世界的一种粒子，质子拥有像分子和原子那样的性质，即体积与质量都很小、每时每刻都在运动着、质子与质子之间存在空隙等。但除此之外，质子还有自己的特性。

质子带一个单位正电荷。没想到吧，质子居然带电，难不成它平时都是噼（pī）里啪啦地电个不停？当然不会了，要知道，原子可是不带电的，那么，质子身上的电都去哪儿了？注意！这就涉及电子的知识了，我们留到后面再详细讲述，到那时你就明白带电荷的质子有多么重要了。

质子的寿命很长。有的科学家认为，质子是一种非常稳定的粒子，永不衰变。另一些观点则觉得质子也会衰变。

长寿的质子老爷爷

带电的质子大明星

但不论哪种说法，都认为质子的寿命在 10^{35} 年以上，真是个长寿的粒子啊。

在对微粒有了很深的认识以后，你有没有好奇过，各种原子区分彼此的依据是什么？换句话说，为什么原子会有不同的种类呢？就比如氧原子和氢原子，它们都是由原子核与电子组成的，可它们为什么会是两种完全不同的原子呢？这个问题一下子就把你难住了吧？我几乎能感应到你的脑袋正转个不停。其实，这个问题的答案非常简单——质子的数量不同。

没错，每一种原子的核心区别就在于质子的数量。我们都知道氢原子只有一个质子，但如果给它的原子核里再偷偷放上一个质子和若干中子，一个全新的原子就诞生了——氦原子。是的，热气球里填充的氦气就是由它构成的。

现在，我来考一考你，如果给氢原子核里加入七个质子和若干中子，会诞生什么原子呢？不知道了吗？其实这些都有着固定规律的，在有关元素的章节里我再来揭晓答案吧。

变成了氦原子

吃掉一个质子和若干中子的氢原子

碰来碰去的质子有什么用？

在科学界，质子最重要的一个功能就是用来碰撞。这种碰撞可不是你想象中的那样将两个物体碰在一起就可以了，而是需要借助一种特殊的装置——粒子加速器。

在粒子加速器里，质子的速度

化学加油站：强子对撞机

目前，世界上最大的强子对撞机（LHC）被安放在瑞士和法国边境的地下隧道里。它在 2008 年 9 月 10 日正式开始运作。对撞机的磁体高 16 米，长、宽均有 10 多米，重达 1920 吨。除此以外，它还拥有一条 27 千米多长的环形隧道，用来加速粒子。从某种角度来说，这条隧道是地球上速度最快的隧道，因为里面粒子的运动速度几乎可以达到光速。

质子兄弟们，冲啊！

甚至能接近光速。那么，如果有两束以这种速度运动的质子相撞，会发生什么呢？谁都无法预测，但正是这种不可测性，使人类探索新粒子、新材料以及新现象有了更多可能。

质子还可以应用在医学领域，即质子治疗。质子治疗也被称为"质子刀"，但就和我们熟悉的"伽马刀"一样，质子刀并不是刀，实质上是一种放疗技术。简单来说，质子治疗就是将加速后的质子打入患者的病患处，以达到杀死病患细胞的目的。质子治疗因为有先进、精确和副作用小等多种优点，从而被广泛应用于人体关键部位的癌（ái）症治疗。

怎么样，是不是再也没办法放下这本书了？那就接着来认识一下中子吧。

圆滚滚，笑嘻嘻！
劝架的中子

专业调解员——中子

质子它们又打起来了，中子快来劝劝架吧。

比起原子里的大明星质子和电子，中子的存在感实在是太低了。因为它既不像质子那样好出风头，又没有电子那样的本领。不过，你可千万不要小瞧中子，它在化学中的作用绝不比任何一种微粒小。

可爱的老好人——中子

在化学王国，中子可是出了名的老好人。每当质子们耍起脾气来，甚至发展到离家出走的时候，都要靠中子来调解。它的这种能力，也许用一个关于磁铁的例子来解释，你会更容易理解。

我们都知道磁铁有一个特性：同性极相斥，异性极相吸。这样的特性放在原子核里也适用。

质子无一例外都带着正电荷，这就好像是一个个带着相同磁极的磁铁，要是把它们放在一起，你想象一下那会是什么样的场景？怕是质子满天乱飞，一个也抓不到。这不，化学世界里就有一种特殊的金属——铀（yóu），它的原子里足足有 92 个质子，这些质子之间的斥力大得简直能把一个人打飞，更不用说撑破一个小小的原子核了。

但如果原子核破裂，原子也就不存在了，世界万物都会化成虚无。为了维持我们的物质世界，大自然不得不制造出另一种微粒——中子。

和质子不一样，中子不带电荷，是中性的粒子，所以当它靠近质子时不会受到任何的阻力，还能平衡掉质子间的斥力，让分离的质子重新聚合在一起。

不过，就像之前提到的那样，氢原子的原子核里只孤零零地住着一个质子，别说要脾气了，就连找个说话的粒子都没有，所以也就不需要中子来帮忙了。

孤独的氢原子

哈哈，自由喽！

来探索中子的奥秘

好吧，又到了你最喜欢的秘密大公开环节。

首先是中子体重的秘密。中子和质子的重量差不多，都非常微小。不过偷偷告诉你，中子要比质子稍微重一点，只是几乎没人能分辨出它们体重的差别。

其次是有关中子寿命的秘密。说起来，中子的年纪可真是个谜。原子核里的中子非常稳定，几乎不会衰变，寿命长得惊人。但要是它脱离了原子核，变成自由中子，那它的寿命就只有短短的 15 分钟了。

等等，你以为那些衰变的中子就这样白白地消失了吗？错！它分解成了质子和电子。而这两种粒子的半衰期极长，几乎不会消亡。这样看来，中子的生命像是被质子和电子延续下去了呢。

中子最后的秘密在原子核里。我们都知道，在同一种原子里，质子的数目都是固定不变的，但中子却不是这样。它没有准确的数目，一个原子核里甚至能带有质子数目两倍的中子。

化学加油站：中子态

如果对已经挤得很紧的原子核再施加巨大的压力，那么原子核就可能被"压碎"，质子离开了中子，与原子核外的电子构成了新的中子，这种原子里面只有中子的状态，叫作中子态。已知的中子态大部分存在于中子星内。

与中子有关的知识

你一定知道世界上威力最大的武器是核弹，可你知不知道中子弹也是核弹的一种呢？因为中子不带电，所以它进入原子核非常容易。人们利用中子的这种特点，将高速运行的中子轰进原子核里，而原子核内随即发生的中子核反应，为人们制造中子弹提供了思路。

中子星是中子以聚集态存在的一种星球，也就是说中子星差不多全由中子构成。它是宇宙中除黑洞外密度最大的星体，一小勺中子星物质，重量就能达到 10 亿吨，这几乎比你见到的任何物体都要重。

啪！

沉重的中子星

轻悠悠！
原子的质量

你应该已经了解了原子的结构，也大概知道了原子的大小，那么你有没有好奇过原子的质量问题？比如：一个氧原子能有多重？铁原子和铜原子哪个更有分量？氢原子真的能轻得飘起来吗？现在，带着这些问题一起来阅读这一章吧。

原子的绝对质量

原子的质量要怎么测量呢？

不用想，原子的个子那么小，身体一定重不了，哪怕用上学校实验室里最灵敏的测重工具也量不出来。事实上，就算是世界上最精密的天平也只能测量 0.01 微克的重量，而一个原子的质量远远低于这个数值。那么，科学家们又是怎么测定出原子的真实质量呢？

其实，测量原子质量需要用到一种特殊的"天平"——质谱仪。早在 1912 年，英国科学家约瑟夫·约翰·汤姆逊就研制出世界

铜原子和铁原子哪个更重呢

上第一台质谱仪。神奇的是，这种仪器不但能够辨认出原子的种类，还能精确测算出原子的质量，有了它，人类对原子才有了更清楚的认识。

不过，在质谱仪没有出现的年代，原子的真实质量就没办法测算了吗？也不是，科学家们想出了一个绝妙的主意，既然单个原子的质量非常轻，没办法测算，那就直接测算大量原子的质量，再将得出来的结果除以原子数目，就可以估算出单个原子的质量了。只是，这样测算出来的原子质量误差很大，所以在质谱仪出现以后，就再也没有人用这种方式了。

经过数代科学家们的努力，人类已知的原子的质量都被测量出来了。比如铁原子的质量是 9.299×10^{-26}kg，铜原子的质量是 1.06×10^{-25}kg，这样，你就知道铜原子可要比铁原子重。接下来，要揭晓的是化学世界里最轻的原子——氢原子的质量，居然只有 1.674×10^{-27}kg。说它轻得能飞起来一点儿也没错，这一阵风里可能就藏着无数个氢原子呢。

原子的相对质量

你肯定已经注意到原子质量这一长串数字有多么不方便了，不过这已经是它简化后的模样了，要是把这串数字完整写出来，那现在你看的这一行就铺满了数字，也许还要到下一行去找呢。这样的质量数字别说用来计算，就是写清楚也要费上半天，为了更好地使用，科学家们创立了相对原子质量概念。

什么是相对原子质量呢？你们的老师也许会说是原子的真实质量与碳−12原子质量的十二分之一的比值。

等一下，这是什么意思？发生了什么？

别急，用玻璃珠与乒乓球的例子你就能很好地理解了。

假定玻璃珠和乒乓球分别代表不同的原子，而乒乓球恰好比玻璃珠

化学世界里最轻的
原子——氢原子

一阵风里有
千千万万个
我们呢。

重 3 倍。那么就先把玻璃珠的质量定为 1，于是就能得出乒乓球相对于玻璃珠的质量——3。这种用一个原子的质量来衡量另一种原子质量，得出来的结果就是相对原子质量。

有些枯燥吗？加油，你现在可是又学到了一个可以向朋友吹嘘（xū）的新知识！

你想象一下，如果能够用玻璃珠把所有原子的相对质量都测算出来，那么它们之间的计算或者书写不就简单又准确了吗？

在化学世界里，碳 –12 原子就相当于那颗玻璃珠，由它测算出来的原子相对质量非常准确。更神奇的是，大家发现原子的相对质量居然等于原子中质子数与中子数之和。

就像氧原子，它的体内藏着 8 个质子和 8 个中子，而它的相对原子质量是 16，这恰好印证了原子核占据原子绝大部分质量的理论。不得不说真是太奇妙了。

那么我们可以得出这样一个结论：只要知道了原子的质子数和中子数，就可以知道该原子的相对质量。

现在，我来考考你，一个原子的质子数量是 26，中子数量是 30，那么它的相对原子质量是多少呢？也许答案不需要我来公布了。

我的质量比上碳-12原子质量的十二分之一，就是我的相对原子质量。

原子的相对质量

原子的质子数和中子数

被分成12份的碳原子

原子量简史

还记得那位聪明的科学家道尔顿吗？什么？你已经不记得了，快往前翻翻看，就是提出了原子概念的那位。想起来了吗？好的，现在接着向下看。

道尔顿认为每一种原子都有自己的质量，但在他提出这个理论的时候，就不得不面临一个非常可怕的问题，如何测量原子的质量呢？

在那个年代，质谱仪还没有出现，准确地测量出原子质量是根本不可能完成的任务。但是道尔顿没有屈服（这也是我们要向他学习的地方），他创造性地提出了衡量原子质量的相对体系，就是上文提到的相对原子质量。他将氢原子作为衡量的标准，也就是衡量一切的玻璃珠，并且用它测量出20多种原子的质量。只是，道尔顿并不是一位优秀的观测者，不难想象结果错得有多离谱。

1826年，瑞典化学家贝尔塞柳斯又用氧原子质量的一百分之一作为基准，但是测量的误差依然很大。接着，比利时化学

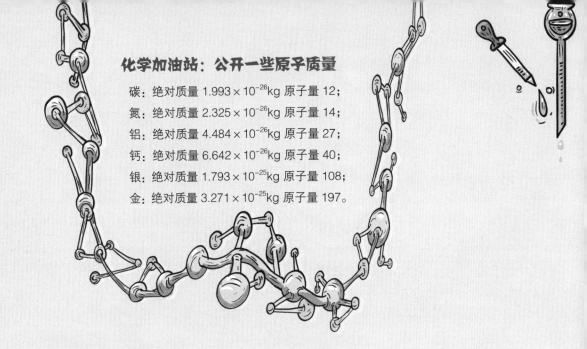

化学加油站：公开一些原子质量

碳：绝对质量 1.993×10^{-26}kg 原子量 12；

氮：绝对质量 2.325×10^{-26}kg 原子量 14；

铝：绝对质量 4.484×10^{-26}kg 原子量 27；

钙：绝对质量 6.642×10^{-26}kg 原子量 40；

银：绝对质量 1.793×10^{-25}kg 原子量 108；

金：绝对质量 3.271×10^{-25}kg 原子量 197。

家斯塔斯改进了贝尔塞柳斯的方法，用氧原子质量的十六分之一作为基准，这个基准在科学界沿用了很多年。

在那之后，很多原子都曾被选取当作原子量的基准，但始终无法统一下来。直到 1959 年，幸运的碳-12 原子才正式出现在科学家们的视线中，它质量的十二分之一被科学界认定为统一的原子量基准。

现在，你如果没有被原子质量吓跑的话，就可以带着胜利的表情去向你的朋友展示你学到的新知识了。

噼里啪啦，嗖嗖！
不安分的电子

　　呼，我们终于来到了电子的章节。我向你保证，这种粒子虽然很小，但要是它们淘气起来，哪种粒子都比不过的。等一下，还记得那个留在质子身上的问题吗？现在，我们就解决掉它。

原子到底带不带电？

书本真的带电吗？

在有关质子的内容里，我们已经知道质子是一种带电的微粒，那么由质子构建的原子王国也一定带着电喽？原子带了电，我们周围的一切物体岂不是都会缠绕着噼里啪啦的电流？

快把手从这本书上拿开！

哎？冷静下来想一想的话，我们并没有被书电到，这是为什么呢？其实，这全都要归功于电子。

电子也带电，只不过带着的是一个单位负电荷，这与质子所带的电荷性质正相反。还记得磁铁的特性吗？没错！质子与电子就好像磁铁的正负两极，它们因为电性相反而互相吸引，而质子又比电子重得多，所以电子就不由自主地聚集在原子核周围了。这么说来，要不是质子，电子可能早就因为极快的速度而从原子中飞出去了。

不得了！原子中又多了一种带电的微粒，它的电量更大了！别紧张，深呼吸一下，你现在能感觉到摸着书的手是麻麻的，像被电了吗？感觉不到吧，那就对了。因为正、负电荷会相互抵消，抵消以后，正

总有一天我会狠狠揍它一顿。

淘气的电子

051

电与负电就都不存在了，所以原子最终会呈现电中性，也就是不带电。现在，你终于可以把提着的心放下来了吧？

只是，想要做到电荷平衡，正电荷与负电荷的数量就要相等。换句话说，就是一个正电荷抵消一个负电荷，不能再有多余的电荷存在，所以，我们可以得出这样的结论：在原子中，质子数与电子数相同。

你瞧，质子的作用很大吧？

淘气的电子

你有没有见过亲戚家的小淘气包？就是总在地上跑来跑去，一刻也不停的那一个。电子也一样，尽管它的体积和质量都比质子差远了，但要是论起运动来，质子可不是它的对手。

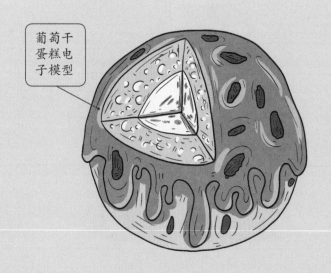

葡萄干蛋糕电子模型

那么，我来考考你：电子是怎样运动的呢？你一定认为，电子会在原子外围按照规则的圆形轨道运行。但是，化学家们的想法却不是这样的。

1904 年，有化学家提出原子的结构类似一块葡萄干蛋糕，电子就像一粒粒葡萄干那样镶嵌在蛋糕上，在各自的位置上

振动着。后来，另一种行星
式模型被提了出来，在这种
模型里，电子沿着一定轨道
运行，就像围绕着太阳运转
的地球那样（这也更接近你
的想法）。现在，更多的化
学家发现电子的运动轨迹非
常杂乱，时而出现在这里，
时而在那里出现，毫无规律
可言，就像一个调皮的小孩
子，你总是无法预测到它接
下来会跑到哪儿去。

行星式电
子模型

电子云
模型

但不论在哪种结构模型
中，电子通常都会被原子核
束缚着，只能在原子内部运
动。但也有些电子可不是这
样的，它们从原子中脱离出
来，自由自在地穿梭在物质
之中。别以为这只是一种简
单的电子运动，事实上，它
在热的传递、磁的传导等很多方面都起着重要的作用。甚至，许多自由
电子一起移动还会形成电流。许许多多的自由电子形成了电子云。

这正是电子的奇妙之处！想要感知到它们的移动，并不需要像质子
与中子那样，搬来一个复杂的粒子加速器，也不用设计复杂的实验，而
只需要在日常生活中细心观察，你就会发现到处都是它们的踪影。这不，
有一种你绝对不会喜欢的电子运动出现了。因为它常常会带给你短暂的
疼痛，让我们用另一种名字来称呼它——静电。

奇妙的静电

提起静电，你绝不会陌生。在寒冷的冬天，当你脱掉毛衣的时候，在干燥的季节，当你触碰到水龙头的时候，静电总是不合时宜地出现，又快速地离开，好像它们出现的目的就是为了吓你一跳。可熟悉归熟悉，你真的了解静电吗？

就用一个平常的冬天早晨来讲述它吧。

在寒冷而干燥的冬日清晨，你从睡梦中醒来。这时，你身上的电子数量是正常的，电子还可以在你的皮肤和被子之间自由地移动。但是，当你下床穿上拖鞋以后，一切都变了。你身上的电子呈现出一种奇异的静止状态，换句话说，电子不再运动了。

可电子为什么不运动了呢，难道它们变懒了？

其实，当你离开床时，电子们就只剩下最后一条移动路线——脚了，因为只有脚还可以接触到地面。但现在这唯一的出口却被你的拖鞋堵死了。而拖鞋有这么大的本领，全依仗它的橡胶鞋底。不用说，橡胶是一种很常见的绝缘体，电子们哪怕再敏捷也无法穿透绝缘体，更不用说在其中移动了。

更可怕的是，随着吃早餐、穿外套、背书包等一系列行动，越来越多的电子

床上的电子

我登上了被子高峰！

啊啊，臭死了，你们那边怎么样？

聚集到你的身上。如果是在夏天，电子们还可以通过潮湿的空气从你的身上逃走，但是在冬天，空气非常干燥，里面少有水分子，也就没有可以让电子搭载的分子列车了。所以几千万亿个电子就在你的身体表面挤呀挤，简直要变成电子罐头了。

而这时的你并不会感觉到身上已经携带了大量的电子，所以毫无防备地用手去触碰门把手。但就在那一刹那，对于电子们来说，唯一的逃生通道就此打开，因为金属是绝佳的导体，电子可以很轻易地在导体中移动。你瞧，它们争先恐后地从你身上跑到门把手上了。

想一想，大量电子移动时会产生什么？没错！电流。所以说，你的指尖和门把手之间通过了一道电流！这简直太酷了！

小气？大方？
带电的离子

等一下，电子居然可以从原子中脱离，那失去电子的原子会怎么样？难不成整个分解掉？如果所有的原子都失去了电子，那世界岂不是就要毁灭了？别担心，原子可没你想的那么脆弱。

离子——带电的原子

我们知道，在原子王国中电子会在外层高速运动。如果只有一两个电子那还好说，但要是电子增多了，地方可就不够用了，电子们在有限的地盘里争得不可开交，甚至都要动起手来了。这可不得了，原子连忙把它们分开，让它们在原子中分层居住，那些能量低的电子居住在里层，因为它们特别胆小，想要离核心更近一些。而那些能量高的电子住在外层，它们可不愿意被束缚住。

而这些电子层可不是随便分的，就像画圆圈一样，越向里面，能画的圆圈就越小，那么可供电子居住的地方就越小，在最内层，甚至只能住下两个电子。不过，在电子层的最外层（也是原子的

057

最外层），这种排布规律却改变了——最外层最多只能住八个电子，但是这八个电子就像全副武装的边防卫士，守护着原子王国，这是一种非常稳定的结构。所以，最外层挤满八个电子的原子一般都不容易与其他物质发生反应。

如果最外层的电子不满八个，甚至少于四个，那么原子的结构就不稳定了，很容易和其他物质发生反应。于是，原子就索性把这些电子抛弃掉，让下一层的电子去做最外层。好了，那些电子被抛弃掉了，它们会消失吗？不，它们有自己的去处。

还有一些原子最外层的电子虽然少于八个，但只要多于四个，比起丢弃来，再找一些电子来填补空缺会更简单，于是那些被抛弃掉的电子就转移到这个新原子身上了。

这下，两种原子都形成了稳定的结构。我们将这些只失去或得到一个或几个电子而形成的带电荷的粒子称为离子，换句话说，离子就是带电的原子。

等一下，哪里来的电呢？是电子的原因吗？别急，这个内容需要更加详细地谈一谈。

离子的秘密

在有关电子的章节里，我们讲过：在一个原子中，质子数与电子数总是相同的，只有这样，原子内部才能达成电荷平衡。

但是现在，有的原子失去了电子，质子的数量就比电子多了，电平衡状态就没办法再维持了，于是，原子就带上了电，成为了离子。还记得质子的身上带着什么电吗？没错！是正电。所以，这种带着正电的离子，我们一般称它们为阳离子。

与此相反，当原子得到了电子，那么原子中电子数就超过了质子数。

大声告诉我，电子带什么性质的电荷？是的，负电！所以这种带着负电荷的离子，我们叫它们阴离子。

在实际生活中，金属原子容易失去电子变成阳离子，比如钙离子、铁离子等；而非金属原子容易得到电子变成阴离子，比如氧离子、氮离子等。

离子还能构成物质！这是当然的了，因为它们本质上依然是原子。当阳离子和阴离子结合起来就构成了离子化合物，比如我们生活中常见的盐就是由带正电的钠离子和带负电的氯离子构成的。

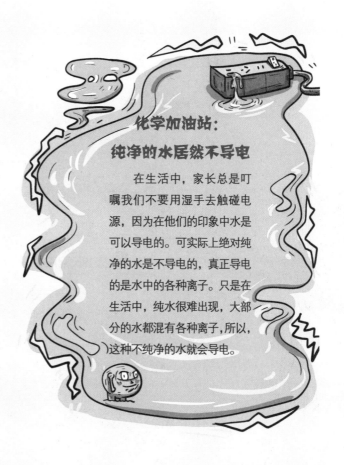

化学加油站：

纯净的水居然不导电

在生活中，家长总是叮嘱我们不要用湿手去触碰电源，因为在他们的印象中水是可以导电的。可实际上绝对纯净的水是不导电的，真正导电的是水中的各种离子。只是在生活中，纯水很难出现，大部分的水都混有各种离子，所以，这种不纯净的水就会导电。

生活中的离子

离子的本事可真不小，生活中的很多现象都和它相关。

在很久之前，人们就知道将食物放在银制餐具里，哪怕过了很久也不会变质。这是因为有极微量的银可以被食物中的水"溶解"，银就变成了银离子。而银离子有着出众的杀菌本领，每一升水中哪怕只放进亿分之二毫克的银离子，也能将细菌杀得干干净净。你如果在家里仔细寻找，也许还能找到妈妈的好帮手——银离子杀菌剂呢。

除了杀菌，银离子还有许多用途，例如摄影、护肤，甚至去污除臭领域也非常需要它。

刚锻炼完的运动员

有时候，电水壶还没用几次，壶壁上就结了一层厚厚的白色水垢，有经验的长辈们总会说你用这个水壶来烧的水比较"硬"。但你要是用手去试试水的硬度，那可就有点丢人了。

银离子杀菌剂

破掉的臭袜子

其实，这里说的"硬"指的是水里矿物质的浓度过高，而这些矿物质的主要成分就是溶于水的钙离子和镁离子。这两种离子在温度升高以后，会从水中析出，变成白色的沉淀，这就是水垢的真面目。

离子饮料中含有大量的钠离子和钾（jiǎ）离子，换句话说，离子饮料就是带着甜味的盐水。在剧烈运动以后，饮用离子饮料会比喝白开水更快地补充人体流失的水分和盐分。

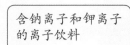

含钠离子和钾离子的离子饮料

在森林密布的公园，你会感觉到空气格外清新，精神舒畅无比，这是因为这里的空气中富含负氧离子。而空气中负氧离子的浓度，还是评价空气质量的重要指标呢。

好消息！离子将是我所介绍的最后一种微粒了。如果你不用再拜访一下老朋友的话，我们接着来认识一下化学键吧。

互相结合的
微粒们

分子结合起来可以构成物质；离子们可以构成离子化合物；至于原子，它们既能组成分子，又能构成物质。哎呀，这些微粒看得人头都大了，它们到底是怎样结合起来构成物质的呢？

不吃饭却偷吃零食的孩子

微粒们像搭积木一样构成物质吗？

晶体状的离子化合物

我们之间用离子键连接。

离子键

难道只要把分子或原子一股脑地堆在一起，物质就会自然而然地出现了吗？这听起来就像搭积木一样，可积木给我们的印象是什么？对，非常容易倒塌。想一想，如果你现在吃的冰激凌是像搭积木那样构成的，那岂不是吃上一口就全撒落到地上了？

为了防止你因吃不到冰激凌而大哭，微粒们决定建立起更强有力的联系——化学键。你可以把它理解成积木间多了一层胶水，胶水把它们牢牢地黏合在一起，那么，由积木构建的物体就不容易倒塌了。

由于互相结合的微粒不同，所以化学键可不止一种。趁着你脑袋里还存留着离子的知识，我们先来介绍离子键吧。

当一个阳离子和一个阴离子碰面的时候，总会不由自主地靠近，这是因为它们的电性相反，会相互吸引。可随着阴离子和阳离子越靠越近，它们内部的电子和原子核可就不乐意了。阳离子的电子不喜欢阴离子的电子，它们内部的原子核也不对脾气，所以，两种离子间又有了斥力，当引力与斥力平衡下来的时候，离子键就形成

气呼呼的妈妈

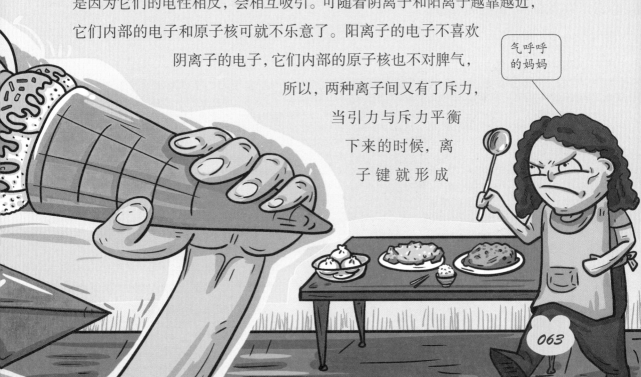

了。在离子键的帮助下，阴离子和阳离子既相互独立，又彼此连接，维持了一种稳定的结构。

要是找两个阳离子来，怕是它们彼此间看不顺眼，连个招呼都不打便走开了。所以离子键只存在于阴离子与阳离子构建的离子化合物之间。而大多数离子化合物都有一个特点——处于晶体状态。

把一粒盐在显微镜下放大，你可能会惊讶地跳起来，因为食盐表面居然是规则的几何形状，就像有人特意加工出来的一样。这是因为在食盐内部，钠离子和氯离子在离子键的作用下呈现出一种规则的结构，而无数个这样的结构聚在一起就形成了美丽的晶体。

想要分开这种离子化合物通常是非常困难的，哪怕把大块的盐矿打碎成小颗粒，甚至再把它们溶入水中，也只是分解了盐晶体，钠离子和氯离子还在离子键的作用下紧紧地抱在一起呢。你瞧，离子键的力量有多大。

共价键

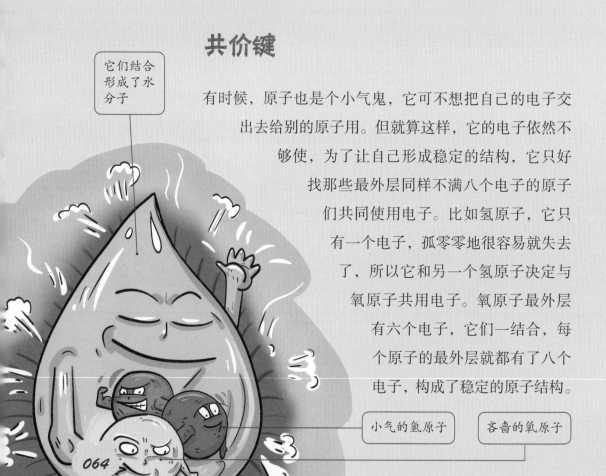

它们结合形成了水分子

有时候，原子也是个小气鬼，它可不想把自己的电子交出去给别的原子用。但就算这样，它的电子依然不够使，为了让自己形成稳定的结构，它只好找那些最外层同样不满八个电子的原子们共同使用电子。比如氢原子，它只有一个电子，孤零零地很容易就失去了，所以它和另一个氢原子决定与氧原子共用电子。氧原子最外层有六个电子，它们一结合，每个原子的最外层就都有了八个电子，构成了稳定的原子结构。

小气的氢原子

吝啬的氧原子

像这样形成的化学键就叫共价键。

那么这三个微粒结合起来构成了什么物质呢？没错！就是我们的老朋友——水分子。只是，依靠共价键形成的分子彼此间的引力并不强，这也就是为什么氢气、二氧化碳和氧气平时都是气体。

金属键

在所有的原子中，金属原子绝对是最无私的一种。当很多金属原子聚集在一起的时候，它们就会将自己的最外层电子贡献出来，这些电子会在原子间自由运动，像一根根绳子一样束缚住原子，这就形成了金属键。

比起离子键和共价键，金属键非常强大，生活中见到的金属，比如金子、铜、铁等，都无比坚硬，不容易被破坏。金子甚至能忍受1000℃的高温而不熔化。这都是金属键的作用啊。

但是也有一些倔脾气的原子，说什么也不愿意和别的原子结合。就比如氦原子，它最喜欢单独行事，因此，很少有原子能和它发生反应。

呼！终于穿过了可怕的微粒丛林，下面该轮到元素登场了。别怕，元素你早就遇到了。

金属原子的最外层电子

哎哟，真紧啊！

金属键牢牢地束缚住原子

化学加油站：
分子间的相互作用

原子间有化学键来连接着，那分子呢？它们难道从不见面吗？其实，分子是依靠它们之间的相互作用力结合在一起的。

比如一个个水分子就是依靠着氢键连接在一起的。氢键并不是化学键，它的力量要比化学键弱得多，所以水分子一受热就会从液态变成气态散到空气中去了。

各式各样，神通广大！
随处可见的元素

我们的世界是由什么组成的呢？如果你认真地读过之前的章节，一定会自信地回答：是由分子和原子那样的微粒构成的。但是，在很久之前，人们都相信组成世界的是某些元素，可元素是什么呢？

在世界各地你都能见到我们。

构成物质世界的精灵——元素

元素是组成各种物质的基本成分。无论是天空中飘浮的云朵，还是地下坚固的矿石，甚至你身上的骨骼，都是由元素构成的，世界上的任何事物都不例外。

等一下，按照我们前面的说法，构成一切的难道不是分子和原子那样的微粒吗？这是怎么回事？别急，这两种说法都是正确的，现在我们就来学习元素。在化学中，元素是质子数相同的一类原子的总称。

没有理解吗？没关系，来看苹果的例子。如果把苹果切成苹果丁、苹果块，或者把它打成苹果汁，甚至做成苹果派，它还是苹果吗？当然，只要最本质的东西没有变化，苹

嗨，我们是元素，是组成各种物质的基本成分。

果依旧是苹果。而原子中最本质的东西是什么呢？没错，是质子，只要质子数相同，无论原子如何变化，都能将它归于同一种元素。

比如氕（piē）、氘（dāo）、氚（chuān）这三种原子，表面上看着完全不同，可实际上，它们的质子数都是1。所以，它们和氢原子一样都属于氢元素。同样的，我们之前学过的碳–12和后面将要学到的碳–13、碳–14都属于碳元素。所以，元素和原子是整体与个体的关系。

现在，关于物质构成总算有了一个清晰的说法：从微观角度出发，物质是由原子构成的；从宏观角度描述，物质是由元素组成的。

这下，你就知道我为什么说你早就遇到过元素了吧！

元素的分类

直到现在，我们已知的元素达到了118种，它们大体可以分成金属元素、非金属元素和惰性元素三种。其中在自然界里存在的天然元素有92种，剩下的26种元素全都是由人工制造出来的。

元素居然还能人工制造？这绝对是你从未想到的事情。人们把一种元素的原子核轰进另一种元素的原子核

化学加油站：
元素大发现

随着生产力的不断进步，新发现的元素越来越多。在19世纪初，人们知道的元素只有28种，但在19世纪中期，就已经变成了55种。更神奇的是，科学家们发现外太空其他星球上的元素和地球上的一模一样。

在化学史上，19世纪的化学家戴维只用两年就发现了7种元素，分别是：钾、钠、钙、锶（sī）、钡（bèi）、镁（měi）、硼（péng）。他还发现了一氧化二氮的麻醉作用，发明了矿工用的安全灯等。

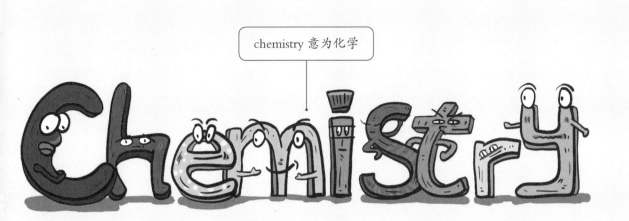

chemistry 意为化学

中，如果它们能够结合起来，那么全新的元素就诞生了。世界上第一个人造元素是金属锝（dé）。

不对！难道说，组成世界一切的只是这区区118种元素吗？也许你现在就能随意地举出上百种物质，更不用说现实生活中还存在着的千千万万种物质，元素怎么可能够用呢？

其实，所有的英语单词不也是由26个英文字母组成的吗？在美术上，

就像打棒球一样，把一种原子核轰入另一个原子核中

嘭

红、黄、蓝三色组合起来可以形成千变万化的颜色，那么不同元素间的排列结合，自然也可以组成无数种物质。就比如氧元素可以和碳元素组成二氧化碳，可要是氧元素和氢元素结合起来，就组成了水，这真是太神奇了！

生活中的化学元素

我们每天都在和元素打交道，如果你仔细留意一下身边，就能发现很多有趣的元素。

我们每天都离不开的自来水里就有氯元素，这是因为氯气可以杀死天然水中的细菌和微生物，而氯气是由什么组成的呢？答对了！是氯元素。

锂（lǐ）元素和我们生活息息相关，相信你每天都离不开它。

自来水中的除菌卫士——氯元素

远的不说，就拿平时使用的手机、笔记本电脑和蓝牙耳机来说，它们的锂离子电池中就含有丰富的锂元素。

玻璃要想强度高，一定不能缺少硼元素，有了它，玻璃不但光泽明亮，还有了耐高温的本领呢。

其实，这些元素之间遵循着特定的规律，还有着自己的排名呢。等不及要看下一章了吗？一位化学大发明家早就在等着你了。

玻璃中含硼元素

哎哟，跑太快了。

锂电池离不开锂元素

嗯，果然没我就不行。

稍息，立正！
给元素们排排队

尽管与无数的物质相比，元素的种类已经很少了，但对我们来说，要记住这118种元素依旧非常困难。怎么样才不会把它们搞混呢？对了！给它

们排排队，再起
个外号，这样绝对有用。
什么，你不信？那就来瞧瞧吧。

元素们的座次表

翻翻看你那本像砖头一样厚重的字典，在最后一页，是不
是有一张威严的表格？上面的字大部分你都不认识，冷静下来，你看
排在第一个的是谁？没错，是氢元素。再往后看，居然还有碳元素、氧
元素等很多老朋友。恭喜你，发现了元素们的座次表！

可不要小瞧座次表，它的作用可大了，就像电影院座次表，
有了它，你不用走进电影院，就知道自己坐在哪里。元素
周期表就是元素们的座次表，在那上面，每个元素应
该坐在哪一行、哪一列，都写得清清楚楚。你瞧，
它们的位置上还标着座位号呢。这样，一个座位
号代表一个元素，氧元素坐在 8 号位，那它的
代号就是 8，后一位是 9 号氟，这样有规律地
排下来，元素们就很好记住了。

还记得那个往氢原子核里加入七个质
子的问题吗？现在你一定可以解答了。

1 号位氢元素

俄国化学家
门捷列夫

元素周期表魔毯

这张座次表可不是胡乱排列的，它的总设计师是俄国化学家门捷列夫。这位化学大发明家经过长期刻苦的研究之后，发现了元素之间存在的规律，并将元素们按照相对原子质量的大小排列下来，世界上第一张元素周期表就诞生了！快来看看它的神奇之处。

神奇的元素周期表

元素周期表是一个大预言家！在1886年，化学家温克勒尔发现了一种全新的元素——锗（zhě）。可说来也是奇怪，早在十五年前，门捷列夫就已经预言了这种元素的性质和特点。这实在是太神奇了！要说他的预言能力从哪儿来，现在告诉你，就是元素周期表这张充满魔力的表格。

原来，在元素周期表上，元素们的性质会随着座位号的增加而呈现周期性的变化，这就是元素的周期律。知道元素周期律，一种元素的性质和特点只要观察它周围的元素就能推测出来了，实在是太神奇了。

元素周期表没有终点！在门捷列夫设计元素周期表之初，元素只发现了63种，所以这张表上只有63个占有元素的座位和4个标有问号的空座，这四个便是门捷列夫的预言元素。而如今，不但这4种元素已经被证实，元素表的座位也已经增长到了 118 个，而这也许并不是元素周期表的终点。

巧妙的元素符号

生活中，你和朋友打招呼时会先说什么呢？一定是叫出他的名字，因为名字是每个人特定的符号。元素也是这样，只是它的名字是拉丁文的，长得不得了，就比如这一长串字母：Hydrogenium，你能猜出它是谁的名字吗？答案揭晓，是最轻最小的氢元素。不会吧！这太要命了。想一想，假如直到现在人们还用这么长的名字来计算和书写，那我们时时刻刻都会面临这样的问题：明明是每天都有交集的老熟人，遇到后居然说不出它的名字，这真是太丢人了！

又见面了，啊哈哈。

完全不记得对方的名字了

还记得我吗？

氢元素的拉丁文名字叫 Hydrogenium

好在科学家们想出了一个好办法——给元素起个外号，也就是现在的元素符号。不过一开始的元素符号可是千奇百怪的，有的科学家还用圆圈和加减号来表示，更可怕的是，不同的科学家都有一套自己的符号体系，以至于一种元素出现了几十种甚至上百种符号，这可把大家急坏了。直到 1860 年在德国召开的卡尔斯鲁厄会议上，化学界才制定了统一的化学元素符号。

不过，元素也不是随随便便就命名的，命名它们最大的依据就是元素本来的名字。像氢元素，它的元素符号是 H，这是选取了它拉丁文名字的首字母，大多数元素符号的确定都遵循这个规律。但是英文字母只有 26 个，这样取下来总会有元素重名吧？麻烦了，就像老师点名一样，叫一个

化学加油站：
元素名称的由来

各种化学元素的命名往往是有一定含义的，一般来讲，以地名为命名依据的居多，或者是为了纪念某位科学家。例如镅元素的原意就是美洲，铕元素的原意是欧洲，钔元素是为了纪念门捷列夫，锔元素是为了纪念居里夫妇，锿元素是为了纪念爱因斯坦等。

其他命名方式还有以这一元素的特性命名、以神名命名、以星球名命名等。

名字，四个同学站了起来，他们相互瞅瞅，也不知道到底叫的是谁。

所以，当几种元素的首字母相同时，就把它名字中的第二个字母也带上。比如氯元素和铜元素，它们的首字母都是 C，没办法了，氯元素只好找到第二个字母 l，铜元素则是 u，这样，氯元素最终的符号就是 Cl，铜元素是 Cu。哈，终于把它们两个区分开了。

对了，元素符号的首字母要记得大写哟。接下来，让我们看看那些硬邦邦的金属元素吧。

铛铛铛，好硬！
超有个性的金属元素

等一下，先别急着把元素周期表收起来，再仔细地观察观察，你能发现很多有趣的信息。你看，在元素周期表左侧，带"金"字旁的元素

厨房是金属制品完美的聚集地

好香的鸡腿。

几乎占据了整个表三分之二的面积，这些都是金属元素。太棒了！你即将认识一批个性十足的新朋友。

有关金属的一切

提起金属，你绝对不会陌生。就现在，留神听一听厨房，是不是有妈妈做饭时锅铲碰撞的声音？铁锅和铁铲都是由金属制成的。在学校里，操场上的很多运动器材也是用金属制成的。更不用说那些裁纸的小刀、家门的钥匙等。看看你周围，简直随处都有金属的踪迹。

而金属都有一些共同的性质。它们一般都很有光泽，在阳光下亮闪闪的，这是因为金属的电子来回运动时产生了光芒。金属有很强的延展性，它可以被压成薄薄的金属片，还能被拉成长长的细丝，而金的延展本领绝对是金属大家族中最强的，小小的 1 克金，你猜猜能拉多长？答案是 4000 米！这相当于围着一个标准操场跑十圈！

还记得吗？很多金属是电和热的良导体，在它们身体里，电子运动得非常快，所以很多电线和锅会用金属来制作。银是导电性最好的金属，但现在大多数的电线都用更便宜且导电性较好的铜来制成。

金属们还有自己的个性呢！钨（wū）的熔点非常高，所以它常常被用在照明领域，灯泡里那根亮晃晃的灯丝就是钨丝。铬（gè）是最硬的金属，将它镀在金属表面能防锈。汞是一种非常特殊的金属，它的颜色是漂亮的银色，并且在所有金属中只有它在常温下呈现液体状态，也许你比较熟悉它另一个名字——水银。汞在生活中的用途很多，你在水银体温计里常常能见到它。不过千万要小心，汞有剧毒！水俣（yǔ）病就是汞中毒的一种。

别说了，我都要流口水了。

漏出来的铁粉

努力放热的暖宝宝。原理是铁粉的氧化反应

最常见的金属元素：铁

如果让你举出一个最常见的金属，你一定会不假思索地说出：铁。没错，铁是世界上最常见到的金属，它在地壳中的含量位居第四，就连地球的最内部——地核，里面也满是熔融状态下的铁。

我们日常见到的铁是又黑又硬的固体，但实际上纯铁是美丽的银白色，质地柔软，而且还可以在纯氧中燃烧！金属会燃烧，这简直太酷了。

铁在日常生活中的应用非常广泛，小到厨房用具，大到交通工具都离不开它，甚至在药物、食品脱氧剂和颜料里面也有铁的存在，连暖宝宝发热的谜题也可以用铁来解释。

流出来的鼻血

哎呦，好疼。

干裂的嘴唇

铁元素还是人体必需的微量元素之一，你肯定有咬破嘴唇的经历，那几滴血是不是有一股铁锈的味道？那是因为铁元素就住在我们的血液之中！它是血红蛋白的重要成分，有了它血液才能更高效地运输氧。

很多植物身体里也有铁元素，比如：羊栖菜被誉为"含铁之王"，桃子、樱桃、菠菜和芹菜也都是公认的"补铁高手"。

平凡而特别的金属元素：钠

表面上看，钠是一种银白色的立方体金属，它质地柔软，质量轻盈，用小刀都可以切开，平凡得不能再平凡了。可实际上，钠是一种非常特

会跳"水上芭蕾"的金属钠

别的金属。

钠会跳舞。假如把一小块钠放入水中，你就能看到这样的场景：在升腾的水汽中，钠在水面上又蹦又跳，看起来简直像在跳舞。不过要注意的是，大量的钠和水反应会发生剧烈的爆炸！千万不要去尝试。不但如此，钠暴露在空气中时也很容易与氧气发生反应，也许过一段日子，你熟悉的钠就变成了完全不同的另一种物质，所以钠一般都要保存在煤油之中。

钠普遍存在于各种物体之中，像食盐、味精、酱油以及小苏打等，而洗涤灵和肥皂也是钠的化合物，那些加入了盐的零食无一例外含有丰富的钠元素。而在身体中，钠元素的作用非常大，它是汗、泪水、胆汁和胰液的组成成分，是维持生命不可缺少的元素。

所以等妈妈要没收你的椒盐饼干时，你可以说："嘿！妈妈，我正在为我的身体补充钠元素呢！"

我已经看到你在流口水了，赶快擦一擦，气鼓鼓的非金属元素要到达了。

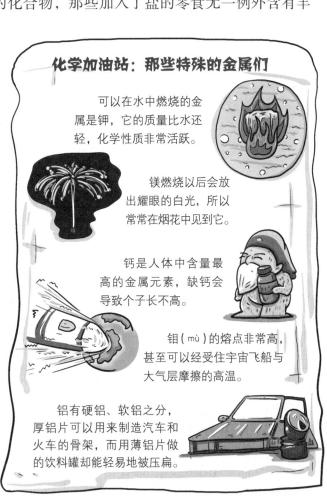

化学加油站：那些特殊的金属们

可以在水中燃烧的金属是钾，它的质量比水还轻，化学性质非常活跃。

镁燃烧以后会放出耀眼的白光，所以常常在烟花中见到它。

钙是人体中含量最高的金属元素，缺钙会导致个子长不高。

钼（mù）的熔点非常高，甚至可以经受住宇宙飞船与大气层摩擦的高温。

铝有硬铝、软铝之分，厚铝片可以用来制造汽车和火车的骨架，而用薄铝片做的饮料罐却能轻易地被压扁。

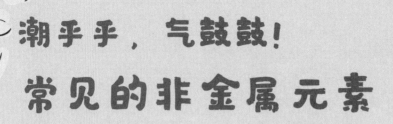

潮乎乎，气鼓鼓！
常见的非金属元素

浓厚的
头油味

非金属元素的种类可比不上金属元素，它们大多数居住在元素周期大厦右侧的房间中。就算是这样，非金属元素看起来却个个都不好惹，尤其是那些占据种类一半的"气体元素军团"，它们生起气来可不是闹着玩的。

哈哈，这里再好不过了！

腐坏的汉堡包

不注意卫生患了灰指甲

臭鼬和屎壳郎

连我们都受不了了！

呕！

082

多姿多彩的非金属元素

生活中的非金属元素实在是太多了，我们呼吸的空气、饮用的水都是由非金属元素组成的，我们脚下的土地大量也都是非金属元素。所以它们不仅有固体状态、气体状态，还有液体状态。不同的状态赋予了非金属元素千奇百怪的性质和特点。

一些含有非金属元素的物质带着难闻的气味。你有没有闻过臭鸡蛋的味道，那股味道的威力可能要比你的臭袜子还要惊人，这是因为臭鸡蛋里含有硫元素，硫元素还存在于同样带有刺激性气味的大蒜、洋葱和芥末等食物里。臭鼬（yòu）在遇到危险时会放出非常难闻的气体，这种气体甚至能把人熏晕，要是不小心进入眼睛里，还可能造成暂时性失明，不用说，臭鼬的"化学武器"里带着大量的硫元素。偷偷告诉你一个小秘密：屁里也有硫元素，这就解释得通为什么你每次悄悄放屁以后都能被人发现。

两天都没刷过的牙齿

嘴巴里冒出来的口臭

腋下传来的臭味

放了一个又臭又响的屁

穿了三个星期的球鞋

两个星期没洗的臭袜子

在洗手间里，你是不是总能闻到一股刺激性的味道？那种味道就像你的鼻子上爬着一只臭甲虫，害得你不停地打喷嚏，其实这就是氮元素的化合物氨（ān）散发出来的臭味。

而那些腐烂的食物、呕吐物，甚至很久没洗澡的人身上散发出来的奇怪味道，都与非金属元素有关。

有些非金属元素还有独特的功能。碘（diǎn）可以用来杀菌，碘酒是医院常用的消毒药品。溴（xiù）的化合物可以帮助人们睡眠，医院里曾经用它做过镇静剂。氮和磷（lín）是化肥非常重要的材料，有了它们的帮助，植物才能更好地生长。

有些非金属元素还具有毒性，大量的氟会损坏人的呼吸系统，引发急性中毒。氯气甚至在战场还被当作毒气。砒（pī）霜含有砷（shēn）元素，它和硒（xī）元素同样有剧毒。

危险的非金属元素：氢

飞到太空中的氢原子

敲开化学周期大厦左侧的第一道门，你以为会出现某个金属元素吗？嘿嘿，是特立独行的氢元素。对于氢元素你肯定不会陌生，毕竟在之前的内容中，它出场的次数多得惊人，但你敢说真的了解它吗？

我们都知道，氢元素一般处在气体状态——氢气，它无色无味，极易燃烧，并且还是世界上最轻的气体。可就是因为氢气太轻了，地球的重力都拉不住它，氢气便一直向上飞啊飞，最后居然跑到了宇宙之中。所以地球大气中，氢气的含量非常少。

尽管这样，你依旧能常常见到氢元素，不信吗？那快来瞧瞧它的应用。

氢元素是组成人体的基本元素，不但如此，在你的大肠内每天都会诞生大量的氢气，其中有些氢气会被身体吸收，参与到人体的代谢过程中。但剩下的氢气怎么办呢？身体不需要它了，只好变成屁排出体外。屁的真面目居然是氢气，这由不得你不信，要知道收集起一定量的屁，还能用火点燃呢，不过你可千万不要去尝试。

氢气还是一种非常绿色的能源，汽车用了以它为原料做的燃料电

屁的真面目是氢气

啊！着火了，谁来帮帮忙！

池，排出来的居然只有水。

氢气在工业上的用途也非常广泛，它不但能做火箭的燃料，还可以参与到食品加工、金属冶炼等过程之中。氢真的太有用了。

励志的非金属元素：硅

一般情况下，硅（guī）是一种钢灰色的结晶。因为它富有金属光泽，还曾被误认为是金属，不过要记住，它可是货真价实的非金属元素。

硅的本领非常大，用它制作的光纤、晶体管、太阳能电池，在生活中起着非常重要的作用。要是没了它，我们连打电话、上网都成难题。经过硅处理加工后的纺织品，具有防水耐燃的特性，你瞧，这不就是神

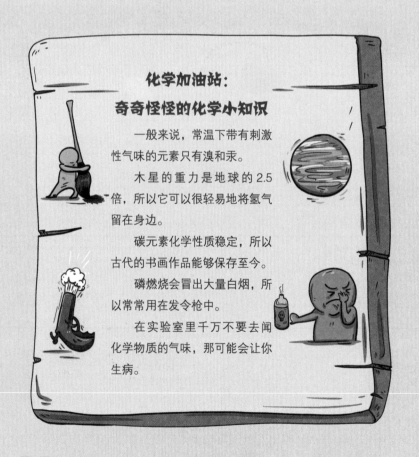

化学加油站：
奇奇怪怪的化学小知识

一般来说，常温下带有刺激性气味的元素只有溴和汞。

木星的重力是地球的2.5倍，所以它可以很轻易地将氢气留在身边。

碳元素化学性质稳定，所以古代的书画作品能够保存至今。

磷燃烧会冒出大量白烟，所以常常用在发令枪中。

在实验室里千万不要去闻化学物质的气味，那可能会让你生病。

奇的防火布嘛!

在农业上,硅元素可以帮助植物增强体质,提高根茎的硬度。对人体来说,缺少硅元素可能导致身体生长迟缓、器官萎缩、骨骼异常等问题。一定要记得补充硅元素!

而这样有用的硅,你猜猜它平时都藏在哪里?作为地球含量第二多的元素,硅在自然界中主要以化合物的形态存在于岩石沙粒之中。是的,你没看错,就是普通得不能再普通的沙子和岩石!从一文不值的沙粒变成了有用的材料,硅简直太励志了。

嘘,小声点,非金属元素中还有一些特别害羞的惰性元素,我们要慢慢靠近它们。

没有了硅元素,上网、打电话是个难题

喂?

安安稳稳，静悄悄！
害羞的惰性元素

喜欢宅在家里的氖元素

贵公子氩元素

静悄悄的氪元素

传说中的元素大厦

那边住着谁呢？

爱睡懒觉的氙元素

嘟嘟

说起气体元素军团里最不起眼的元素，惰性元素一定榜上有名。这些静悄悄的家伙们害羞极了，从不主动和别的元素伙伴们交流，因此常常被大家忽视。要是你想见一见它们，也不是那么容易的，它们躲藏的地方你想都想不到。

惰性元素大揭秘

已经等不及要寻找它们了吗？别着急，在那之前，我们先来了解一个有关元素大厦的神秘传说。

据说，在元素大厦中有七间神秘的屋子，它们终日屋门紧闭，不见有元素出入。更神奇的是，它们都排在元素大厦的最后一列，属于非金属元素的阵营。嘘，小声点，告诉你，这些屋子里住着的正是惰性元素们。

"惰"这个词在字典里往往是"懒惰"的意思，没错，这些惰性元素都是名副其实的懒家伙，它们不像别的元素那样喜欢和物质发生反应，通常情况下都是以单个原子的形式存在的。还记得最稳定的原子结构是什么样子的吗？没错，是可靠的八电子结构。除了氦原子，其他惰性元素原子的最外层都有八个电子在保护着，有了它们，原子既不容易得到也不容易失去电子，化学性质非常不活泼。

可让人大跌眼镜的是，这些原子懒到甚至对自己的同类都爱搭不理的，它们之间的距离远到连液体都无法形成。所以，惰性元素平时都以气体状态藏在空气中，人们把这些气体称为"惰性气体"或者"稀有气体"，甚至还有一个"贵族气体"的别名。

太阳元素——氦

氦这个名字实在是古怪，日常书写根本用不到，可它的含义却一等一地尊贵，源自希腊语中的"太阳"一词，这是因为它最先被从太阳中观察到。事实上，在太阳大气中氦元素的含量

太阳富含氦元素

太阳怎么还不落，快热死了。

五彩缤纷的霓虹灯

达到了 18%，仅次于氢元素，是名副其实的太阳元素。

有趣的是，在观察到氦元素的二十多年里，科学家们都认为地球上根本不存在氦元素。没办法，氦在通常情况下是无色、无味的气体，它在水中的溶解度是已知气体中最小的，所以从水里几乎无法找到它。而在地球大气中，氦气更是少得可怜，只有在一些特定的天然气矿中才有它的踪迹。所以在工业上，天然气是制取氦气最好的原料。

氦气还是第一个上过战场的稀有气体呢。在战争时期，用氦气代替氢气灌充的飞艇不但不会发生爆炸和火灾，而且依然足够轻盈，可以完美地完成战斗任务。

让夜晚绚烂起来的惰性元素们

稀有气体还会发光！这你一定没有想到。那些美丽的霓虹灯里填充的就是稀有气体，不但如此，不同种类的稀有气体还会发出不同颜色的光。

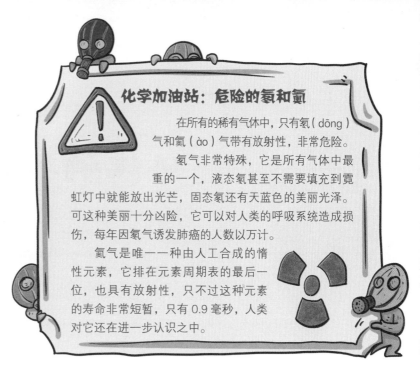

化学加油站：危险的氡和氭

在所有的稀有气体中，只有氡（dōng）气和氭（ào）气带有放射性，非常危险。

氡气非常特殊，它是所有气体中最重的一个，液态氡甚至不需要填充到霓虹灯中就能放出光芒，固态氡还有天蓝色的美丽光泽。可这种美丽十分凶险，它可以对人类的呼吸系统造成损伤，每年因氡气诱发肺癌的人数以万计。

氭气是唯一一种由人工合成的惰性元素，它排在元素周期表的最后一位，也具有放射性，只不过这种元素的寿命非常短暂，只有 0.9 毫秒，人类对它还在进一步认识之中。

氖（nǎi）气能放出漂亮的橙红色光辉，它是最先被应用于霓虹灯的稀有气体，甚至连霓虹灯这个名字都是由"氖灯"音译过来的。

如果你看到霓虹灯放出的光是蓝色或者紫色，那么可能就是氩（yà）气搞的鬼。只要在霓虹灯的氖气中充入一点氩气，灯光的颜色就会发生改变。所以你见到的五颜六色的霓虹灯里可能就填充了好几种稀有气体呢。氩气是最早被发现的稀有气体，而且它在空气中的含量排在第三名，比二氧化碳还要多，所以它算得上是稀有气体中的老大。

氙（xiān）气有极好的发光强度，用它制造的氙气灯甚至抵得过 900 只普通灯泡的亮度。除了白色，氙气还能放出蓝色和绿色的光芒，简直是气体变色大师。

氪（kè）气常常用于制作荧光灯，它比空气还要重上两倍，是稀有气体家族里的大胖墩。

接下来，请穿戴好防辐（fú）射装备，我们将要迎接最可怕的放射性元素了！

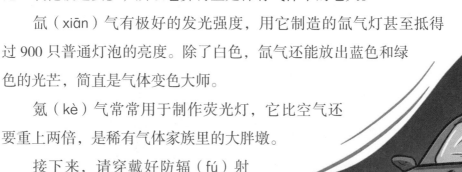

使用氙气灯照明的汽车

呜哇，害怕！
恐怖的放射性元素

点石成金的秘术

在化学世界，有这样一群不好惹的家伙，它们掌握着三种独门暗器，要是你不小心惹到了它们，保管叫你吃个大苦头。好在接下来的内容可以让你对它们有基本的了解，不过你依然要记住，遇到这些家伙最好绕道走！

什么是放射性元素

谜底揭晓！那些厉害的家伙就是放射性元素，它们在自然界的存在非常广泛，

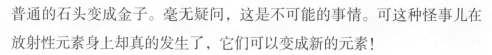

有的元素衰变速度极快，有的却比老爷子走路还慢

有些你还不陌生呢，比如镭（léi）、铀、氡、钔（mén）等。只不过它们一般都悄悄地躲藏着，想要找到它们可太费劲了。

在古代，有一些不切实际的人一直在追求"点石成金"的秘术，他们想把普通的石头变成金子。毫无疑问，这是不可能的事情。可这种怪事儿在放射性元素身上却真的发生了，它们可以变成新的元素！

原来，放射性元素的原子核很不稳定，它们常常通过放射出粒子和能量，改变自己的质子数，来形成一个新的稳定元素。我们把这个过程称为放射性元素的衰变。比如，镭放出粒子可以变成氡，铀元素放射出两个质子和两个中子可以变为钍（tǔ）元素。

只不过，放射性元素什么时候衰变却是一个秘密，甚至连它自己都不知道，想要观测到一个放射性元素的衰变可能需要长久的等待。不同的放射性元素衰变的速度还不一样，快的甚至连 0.001 秒都用不了，慢的却能达到几亿年。更神奇的是，当有足够多的放射性原子聚集在一起时，会遵循一种特别的衰变规律——半数衰变。每过一段时间它们之中就会有一半的原子发生衰变，这就像不断地把一块蛋糕分成两半！

对了！放射性元素在衰变时放射出的粒子和能量就是它们的独门暗器，根据不同的"材质"可以把暗器分成三种——α、β 和 γ。既然是暗器，当然会具有穿透能力，最强的 γ 暗器甚至能穿过数米厚的混凝土墙！对人类来说，这些暗器无声无息，用肉眼根本无法观察到，却能诱发癌症和先天性畸形等病症，威力实在可怕。

放射性元素的独门暗器

最重的自然元素——铀

在自然界天然存在的元素中，属铀

的质量最大。一般情况下，它是一种银白色的金属，几乎和钢一样硬，还有密度高、可以延展的特性。当然，不要忘了铀也有放射性，只是其放射性的穿透力没有你想象中的那么恐怖，只凭皮肤就可以阻挡。

铀在地球上的含量比金、银、汞这些元素还要多，在地壳和海水里总能寻找到它的踪迹。只是，想要提取出铀却不是一件简单的事。很早以前，铀被用来制造好看的玻璃，因为铀矿石带有非常美丽的色彩。但真正让铀声名远扬的，还是它在核能方面的应用，原子弹、氢弹、贫铀弹，以及铀核反应堆都离不开它，我国第一颗原子弹就是铀弹。

美丽而危险的镭元素

见过那些在黑暗中放光的手表吗？还有发光塑料、发光笔、发光布等各种奇妙的东西。可它们为什么会发光呢？嘿，这一定少不了捣蛋鬼镭元素的贡献。

镭是一种柔软的银白色金属，它在自然界的储量极少。居里夫人用了三年多的时间，才从铀矿中提炼出0.1克镭。不过你千万不要小瞧镭，它的放射强度可不是铀能比的，1克镭的放射功率甚至与几十吨铀矿相当。

钻石够坚硬了吧，被镭照射过以后，居然变成了柔软的石墨，快把妈妈的宝贝钻戒拿远一点！水要是遇到了它，顷刻间就分解成了氢气和氧气；被它照射过的玻璃连颜色都会改变；对人体来说，镭带有剧毒，长时间接触它的话，可能会患上骨瘤（liú）和白血病，可敬的居里夫人就是被白血病夺去了生命。后来，经过科学家们的研究，镭被公

铀元素的辐射用皮肤就可以挡住

认为化学世界中放射性最强的元素。

看到这里，你肯定对镭怕得要命。其实，它在生活中的应用还很广泛呢。在过去，镭可是癌症和恶性肿瘤的唯一克星，人们常用镭射线和镭药品来治疗癌症。

你看，放射性元素既有重要的作用，又能置人于死地，真是叫人又爱又怕啊。

化学加油站：
有趣的放射性元素小知识

历史上第一个被合成的放射性元素是锝（dé）。

铊（tā）可令人成片成片地脱发。

钋（pō）是世界上最毒的物质之一。

砹（ài）元素是天然元素中最少的一种。

你们怎么了？别走啊！

化学世界中放射性最强的镭元素

被镭辐射后的钻石

我的钻戒变色了！

啊啊啊，我要融化了！

被镭辐射后得了白血病

孪生兄弟
——同位素

嘘，你听，元素大厦的每一间屋子里都传出来一阵又一阵的欢声笑语，那里面不是只住着一位化学王国的公民吗？和它说话的是谁？哈！那是它的孪生兄弟——同位素。

三弟氧-16

嗨，我是氧-17。

你终于来了！

大哥氧-18

有趣的同位素

你不会真的以为每种元素都只有一种原子存在吧？太天真了！那样我们的世界该多孤独，多寂寞啊！好在，几乎所有的化学元素都有很多种同位素，像锡就有40多种同位素，换句话说，就是有40多位兄弟姐妹，真是一个庞大的家族啊。可同位素到底是什么呢？别急，来看看化学书上对同位素的定义：

在工业领域超有用的钴-59

带有放射性的钴-60

具有相同质子数、不同中子数的同一元素的不同核素互为同位素。

没办法，化学书上的知识还是一如既往地让人头疼，但是，这条定义并不难理解。我们之前学到过，原子里中子的数目是不固定的，因此，在同一种元素中，可能会出现许多种中子数不同的原子，它们便成为彼此的同位素。

例如，在元素大厦 8 号房间的门前，轻轻敲开门，出来迎接你的可能是氧同位素三兄弟中的大哥，它带有 10 个中子；屋子里面正悠闲地看着电视的是二哥，它带有 9 个中子；而你最熟悉的一定是带着 8 个中子的三弟，它是自然界中数量最多的氧原子。这三兄弟虽然中子数不同，但因为都带有 8 个质子，所以它们都属于氧元素。对了，它们的名字也很有特点，大哥叫氧 -18，二哥叫氧 -17，三弟叫氧 -16，看出这里面的规律了吗？没错，是它们中子和质子数目的总和！

另外，同位素还有稳定同位素和放射性同位素之分。像上面的氧元素三兄弟便是常见的稳定同位素，还有氯 -35、锶（sī）-88 等，它们一个个都安分守己，是听话的乖孩子。不过像钾 -40、铀 -235 这样的捣蛋鬼就不一样了，它们天生便带有放射性，还时不时会衰变成别的元素，难缠极了。

别看同位素兄弟们长得差不多，它们的本领却不尽相同，像钴（gǔ）-59 是一种稳定同位素，由它构成的金属被广泛应用于工业制造领域。可它的兄弟钴 -60 却带有极强的放射性，它放出的伽马射线不但能用来育种增产，还能用于治疗癌症和肿瘤。

同位素的秘密无论怎么讲也讲不完，还是来具体认识一下那些最常见的同位素兄弟们吧。

名字很好玩的氢家族

氢元素有三种稳定的同位素,分别为氕、氘和氚。这些名字太有意思了!看起来就好像一个比一个多了条腿。信不信由你,只要讲出它们之间存在的规律,你立刻就能把它们区分开!

救命,我轻得飘起来了!

常见的氢就是氕

重氢——氘

超重氢——氚

这些同位素兄弟有的重,有的轻,体重完全不一样。氚拥有 2 个中子 1 个质子,是氢家族最重、最大的一种同位素,人们将它称为"超重氢";氘拥有 1 个中子和 1 个质子,它的体重只比氚差了一丁点,人们称它为"重氢";氕就可怜了,它的体内只有一个质子,没有中子,是家族里最轻的一个,不过它的含量却是所有同位素中最多的,我们常说的"氢"指的就是它。

氚带有放射性,这是它的独有特征;氘可以参与到许多核反应之中,是未来很有前景的新能源;而氕早就成为我们的"老熟人"了,不是吗?

能记录时间的碳同位素

碳是地球上应用最广的元素之一,无论是在钢铁、铅笔、煤炭,还是二氧化碳、天然纤维里面,甚至在化妆品里都能找到它。要是没了碳,连生命都不可能存在。

这样重要的碳有三种主要的同位素,分别是碳-12、碳-13和碳-14。看到这里,你是不是应该想起一些什么?我几乎已经看到你脑袋藏到了书后,别紧张,回答不出来也不会有惩罚的。还记得那个用来测量相对原子质量的幸运儿吗?嘿,它就是碳的同位素碳-12,现在你总能明白它这个奇奇怪怪的名字的由来了吧。

碳-14在科学研究方面的贡献一点儿也不比碳-12差,它在化学界可是有着"时间记录者"的称号,科学家甚至用它测定出了数千年前的动物头骨距今的时间!碳-14究竟有着什么样的魔力呢?原来,碳-14是一种放射性同位素,很容易被科学仪器检测出来,并且它几乎存在于所有的生物体中,在生物死去以后,碳-14的数量会逐渐减少,科学家就是通过测定生物体中剩下的碳-14数量来测定它生活的年代。

化学加油站:
超有用的同位素们

锡拥有10个稳定同位素,是拥有最多稳定同位素的元素。

铋(bì)元素所有的同位素都是放射性同位素。

锝-99的半衰期很短,只有6个小时,但它在核医学临床诊断中应用极广。

铀-235和铅-207在岩石中的比例可以帮助科学家确定岩石的年龄。

锂-6和锂-7的质量接近,化学性质也相似,但它们的用途却完全不同,锂-6常用于核聚变等尖端技术,锂-7在工农业方面表现更加出色。

用碳-14能测定出动物头骨距今的时间

考古现场无处不在的碳元素

干干净净，整整齐齐！
纯净的单质

不知不觉，我们居然已经离开了微观世界！这真是太让人惊讶了，快回头向那些微粒和元素朋友们道个别，开启我们在化学王国的下一段旅程吧。别担心，新的伙伴可不难打交道。

纯净物与混合物兄弟

在我们生活的世界中，存在着无数物质。你平时见到的花草树木、鸟儿野兽，或者桌椅板凳、钢铁煤炭等都是物质。可你知道吗？这些形形色色的物质其实可以分为纯净物和混合物两大类。

纯净物就像它的名字那样，是由同一种成分组成，干干净净的没有混杂其他成分。比如二氧化碳就是由无数个二氧化碳分子组成的，一块纯净的铁里面藏着的除了铁原子没有其他物质。只是在现实生活中纯净物并不多见，我们身边的物质基本上都是由几种纯净物组成的"大杂拌"——混合物。就拿水来说，如果天然水只由水分子组成的话，那它就是不折不扣的纯净物，可实际上，水里面会溶解着一些盐类、矿物质，还有别的杂质，甚至还会有少量的病菌，据说海水里面居然含有 58 种化学元素。所以，别看水样子是干干净净的，可它往往是一种混合物。

除了水，常见的混合物还有泥土、合金、石油、花岗岩，甚至连你最爱的牛奶都无法脱离这个范围。当然啰，千万不要忘记另一位老朋友——空气。想一想，空气中含有什么物质？氧气、氮气、氢气、稀有气体……简直数也数不清，它当然是典型的混合物。

有时候，这两兄弟并不容易辨认，因为连它们的名字都会合起伙来骗人。就比如冰水混合物，如果你看到名字以后，觉得它是混合物，那可就大错特错了。冰与水虽然看起来不一样，可它们都是由水分子构成的，要是不含别的成分，就算混在一起，也一定是纯净物。

再多倒点，看你们怎么分得清。

冰水混合物

101

咦？什么是单质？

纯净物其实还可以细分为单质与化合物两种物质。我们先来详细讲解一下单质。单质就是只由一种元素构成的物质。从微观角度来讲，它是由同种分子或同种原子构成的，这不难理解，就像铜块便是由铜原子组成的。这样说来，单质算得上是纯净物中的纯净者。

常见的单质主要分为两类：金属单质、非金属单质。常见的金、银、铜、铁等都是金属单质。而非金属单质范围就很广了，有碳、硫、硅、氧，还有像氦气那样的稀有气体都是非金属单质。

黄金在自然界中常常以单质形式出现，作为非常贵重的金属，它可是超级高冷的，不容易和其他物质发生反应。鉴于黄金的这种特性，人们便常常用它来制作首饰，并常作为基本货币使用。

非金属单质中，硫在自然界中比较常见，在那些喷发的火山附近，会形成很多单质硫。单质硫本身并没有毒性，但是它与别的物质发生反应以后，形成的硫化物通常有剧毒，遇到了一定要躲远点！

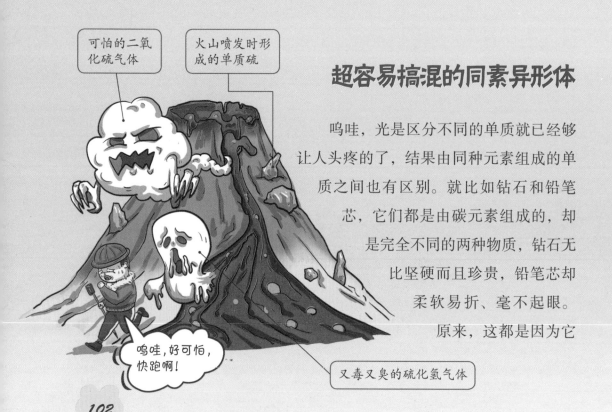

可怕的二氧化硫气体

火山喷发时形成的单质硫

呜哇，好可怕，快跑啊！

又毒又臭的硫化氢气体

超容易搞混的同素异形体

呜哇，光是区分不同的单质就已经够让人头疼的了，结果由同种元素组成的单质之间也有区别。就比如钻石和铅笔芯，它们都是由碳元素组成的，却是完全不同的两种物质，钻石无比坚硬而且珍贵，铅笔芯却柔软易折、毫不起眼。

原来，这都是因为它

们体内碳元素的排列方式不同。我们把像它们这样的物质称为同素异形体。

除了碳元素，其他的一些元素也能构成同素异形体，比如由磷元素构成的红磷与白磷。红磷也许你可以经常见到，火柴一划便着，就离不开火柴头上红磷的帮助。你在烟花中也许还能找到它呢。比起红磷，白磷就危险得多了，它拥有剧毒，而且在接触到空气以后容易自燃，常常被用来制造燃烧弹和烟幕弹。

氧气由氧元素构成，可氧元素还能构成什么物质呢？嘿嘿，这你一定想不到，是居住在地球最外层的臭氧。臭氧带着一股鱼腥味，闻起来确实有点臭。但要是你因为这个而讨厌它，那臭氧可就太委屈了。事实上，正是因为有臭氧层的保护，人们才免于紫外线的伤害。

化学加油站：
真金真的不怕火炼吗？

我们常常能听到"真金不怕火炼""烈火见真金"等俗语，它们被用来比喻坚强或正直的人能经得起考验。那么，金子真的不怕火焰吗？

答案是错误。因为金子的熔点是1064℃左右，甚至比铁的熔点都要低，再加上古代的金子中杂质较多，熔点进一步降低。所以在可以熔铸铁器、锻造刀剑的古代，金子是可以被熔化的。而"真金不怕火炼"指的其实是金子的化学性质非常稳定，哪怕用火冶炼，也不用担心与空气反应后氧化变色。

看我今天把你射穿！

超强保护罩臭氧层

103

多姿多彩，哇！
超大量的化合物

玩忽职守的大懒猫

见过了单质，再和它的好朋友化合物打个招呼吧。别那么紧张，化合物你绝不会陌生，它广泛应用于我们生活的方方面面，也许在你的手边就有它呢。悄悄告诉你，化合物可是一个魔术大师，擦亮眼睛来看看它的表演吧！

报告，发现目标！

超市里有各种各样的化合物

六块二毛三，刷卡吧。

104

多姿多彩的化合物

　　化合物可不像单质那样少，它在生活中多得不可思议。超市里使用的塑料袋，主要成分就是含氯化合物；牙膏中含有氟化钠——一种常见的含氟化合物；老鼠药中的磷化铝更是一种有剧毒的化合物；打开妈妈的百宝箱——调料柜，嘿！那可是鼎鼎有名的化合物展览馆。毫无疑问，在家中没有比厨房更完美的化合物聚集地了。你看，那些带着咸味的食盐就是氯元素和钠元素组成的化合物，化学上称它为"氯化钠"；料酒中含有少量的乙醇，它由碳、氢、氧三种元素组成，或许你更熟悉它的另一个名字——酒精；味精和酱油里含有一种叫谷氨酸的化合物，它可以让食物变得更加鲜美；想要面包变得松软可少不了小苏打，而它的主要成分是碳酸氢钠，这是一种由钠元素、碳元素、氢元素与氧元素组成的化合物；辣椒面能把你辣得流泪，全是一种叫辣椒素的化合物在搞怪；……

让孩子心惊胆战的危险化合物们

老鼠药

蟑螂药

消毒液

光是厨房的一个小角落就有这么多化合物，更不用说它在世界上的数量了。据统计，世界上的化合物总量要超过三百万种，而且还在以每年三十多万种的速度不断增加着，真是可怕的数量啊。

化合物的作用可不小，别的不说，光它在日常生活中的作用就值得一提。甲烷（wán）具有高度易燃性，是天然气的主要成分；84消毒液是妈妈的好帮手，它的主要成分为次氯酸钠；就连老鼠药都少不了化合物的参与，磷化铝这种高毒化合物你可千万不要触碰，用它制成的杀虫剂和老鼠药毒性非常致命。想要看到绿色的烟花吗？那就往焰火里加入钡或铜的金属化合物吧。事实上，焰火五彩斑斓（lán），就是因为里面有不同的金属化合物。

大魔术家化合物

把碳元素、氧元素和氢元素放进去会变出什么呢？

变成了糖

化合物与单质一样，也属于纯净物，但比起单质，化合物的成分可要复杂得多，它是由两种或两种以上的元素组成的，换句话说，化合物是由不同的原子组合形成的。看到这里，你一定又产生了新的疑问：既然化合物中已经混杂了多种元素，那它应该是混合物，为什么还属于纯净物呢？

注意！在化合物中，各种原子通过化学键联结在一起，形成化合分子，化合物就是由无数个这样的分子组成的。所以，你在一氧化碳中，除了一氧化碳分子，别的什么也找不到。这样看来，化合物虽然存在很多元素，却是和混合物完全不同的物质啊。

什么，你要问问化合物什么时候变魔术？嘿！它正要开始呢。先来介绍一下魔术道具——分别是碳元素、氧元素和氢元素。没错，

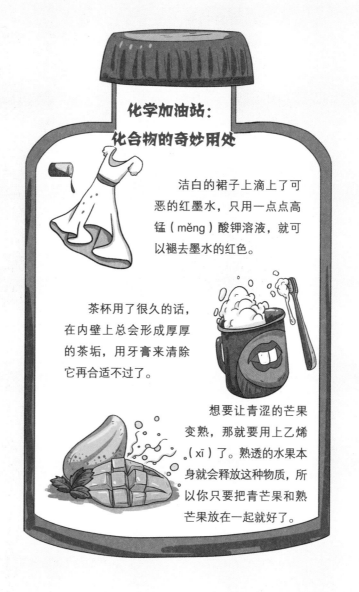

化学加油站：化合物的奇妙用处

洁白的裙子上滴上了可恶的红墨水，只用一点点高锰（měng）酸钾溶液，就可以褪去墨水的红色。

茶杯用了很久的话，在内壁上总会形成厚厚的茶垢，用牙膏来清除它再合适不过了。

想要让青涩的芒果变熟，那就要用上乙烯（xī）了。熟透的水果本身就会释放这种物质，所以你只要把青芒果和熟芒果放在一起就好了。

道具只有这些。接下来千万不要眨眼，你瞧！它们现在变成了甜甜的化合物——糖！不要大惊小怪，你再看糖变成了什么？没错，是维生素C。太神奇了，不是吗？其实魔术的原理很简单，化合物是由多种元素按照相应的比例组合而成的，比例不同化合物也就不同。所以，相同的元素也可能形成性质完全不同的化合物。化合物真不愧是大魔术家呀。

有些化合物的特性与组成它的元素特性存在非常大的差别。就像硒元素，单质硒通常是无毒的，但是它的一些化合物，比如硒化氢，

单质硒是无
毒的好青年

化合物硒化氢是带
有剧毒的不良青年

却带有剧毒。单质铝你肯定见过，可你能想象得到一些铝化合物能让
人体中毒吗？而在阅读到这一章之前，你可能说什么也不会相信碳、
氧、氢元素组成的物质会是糖。

走开，可
恶的老鼠！

麦田丰收少不了
尿素化肥的功劳

哎哟，我的
屁股！

没有礼貌
的大人。

有机物与无机物

科学家把这些神奇的化合物分成有机物与无机物两类。有机物都会含有碳元素（但碳酸盐和碳的氧化物等简单的含碳化合物不是有机物），常见的油脂、糖和蛋白质都属于有机物。以前，人们认为有机物只存在于生命体中，没有办法人工合成，可转眼间尿素就被合成出来了，它可是货真价实的有机物，不但可以用作肥料，还能生产咖啡因、味精，甚至连护肤品中都有它的踪迹。从此以后，越来越多的有机物被合成出来，化合物家族变得更加庞大了。

而无机物一般是指那些不含碳元素的化合物，就像食盐、水、硫酸等。几乎所有的无机物都可以归入氧化物、酸、碱（jiǎn）、盐四类之中，无机物世界可比你想象的丰富多彩。

无论是脸上的面膜，还是手上涂抹的护手霜，或者护肤水、膏霜等，都含有尿素

尿素因为具有保湿与柔软角质的功效，被广泛应用于各种护肤品中

109

闹哄哄！
氧化物大家族

　　进入无机物的世界，还没等你反应过来，氧化物们便一窝蜂地冲了上来，拉着你叽里呱啦地说个不停，直把人吵得头疼。要知道，它们可是有着极为庞大的家族呢。这不，热情的氧化物早已经存在于我们生活中的方方面面了。

古代战车上也附满了绿色铜锈

博物馆是氧化物的大本营。

110

生活中的氧化物

　　我们平时呼出的气体中就有着各色各样的氧化物，比如二氧化碳，它便是常见的氧化物之一。而它的兄弟——一氧化碳，却是一个无形杀手，也是氧化物大家族里鼎鼎有名的一位呢。来到海边，金黄色的沙滩上布满了氧化物，没错，沙子的主要成分是二氧化硅——一种在科学研究中极为有用的氧化物。在不计其数的氧化物中，有一种氧化物非常特别，我们日常生活中绝对离不开它，可估计很多人从没有想过它也会是氧化物。什么，你已经猜到了？是的，这种神秘的氧化物就是生命之源——水。

　　嘿，去博物馆里瞧瞧吧，那可真是氧化物的大本营啊。你看这里一堆绿色的古铜币，那里一柄柄锈迹斑斑的刀剑长矛。等一下，这些黑不溜秋的东西是什么？噢！原来是上了年纪的银锭子，它身上长满了黑色的"老年斑"——银锈。其实，这些金属表面的各色锈蚀都是氧化物。说起来你可能不信，用于制作瓷器的氧化铝、氧化锆（gào）也是氧化物的一种呢。再来瞧瞧这一幅幅美丽的山水古画，上面的色彩那样丰富，

生锈的古代兵器

精美的古代瓷器

美丽的山水古画

111

氧化亚铁可以为瓷器带来青色

氧化铝可以提高瓷器的硬度

氧化铜可以为瓷器带来红色

氧化钾可以使瓷器音韵优美

叮——

你有好奇过这些颜色是怎样出现的吗？没错，也和氧化物有关。光是氧化铁一家便有着氧化铁红、氧化铁黄、氧化铁棕等不同颜色的成员呢，其他的颜色还有黑乎乎的碳黑、绿莹莹的氧化铬绿、白生生的钛（tài）白粉等。

你能相信连光洁美丽的瓷器也离不开氧化物吗？事实上，氧化硅便是瓷的主要成分，氧化铝能够提高瓷器的硬度，氧化钾可以使瓷的音韵宏亮，而瓷器上那些靓丽的色彩则少不了氧化铁和氧化钛的帮助。

流光溢彩的宝石总不会和氧化物有关了吧？你要真的这么想，那就太小瞧氧化物了。自然界存在很多氧化物类宝石，例如水晶、玛瑙（nǎo）、猫眼石等，科学家们甚至还能用氧化铝造出人工宝石呢。

本领高强的氧化物在各行各业都发挥着重要作用。氧化钙是一种常用的干燥剂，人们还用它来消毒，你或许更熟悉它另一个名字——生石灰；双氧水是常见的消毒剂；硅氧化物能提高水泥的材料强度；氧化锌（xīn）

还能用在防晒霜里；金属氧化物作为重要的催化剂活跃在工业领域。

可氧化物究竟是什么？它们又是怎样出现的呢？

氧化物与氧化反应

顾名思义，氧化物的形成一定和氧元素脱不了关系。广义上的氧化物就是指由氧元素和另一种元素组成的物质。另外，物质与氧气反应生成的化合物也是氧化物，而这一过程被称为氧化反应。

氧化反应在生活中处处可见：刚切开的苹果，过了一会儿切面就变成褐色的了；年代久远的古画，色彩不再鲜艳；就连人体的自然衰老都有氧化反应的"功劳"；除此之外，物质的燃烧和金属的锈蚀也是氧化反应。

呸！

氧化变成褐色的苹果

不小心吐出来的假牙

氧化变质的薯片

喷出来的口水

燃烧是剧烈的氧化，同时还会放出大量的光和热，而生锈是缓慢的氧化，它所放出的热量会逐渐向周围流失，我们很难注意到。可以说，锈蚀便是另一种燃烧——迟缓燃烧。

没想到，锈蚀和燃烧居然是亲戚关系，化学真是太奇妙了！

不得了，该怎么防氧化？

好可怕，氧化反应居然能让人衰老，还会让金属锈蚀，最可气的是它居然还会影响到美味的食物！这实在不可饶恕。那么生活中应该怎样防止氧化呢？

对金属来说，防止生锈的好方法有：在金属表面刷油漆、覆盖保护层等，还可以用硼砂来除锈。

在食物方面，一般选用真空包装的方式来防止氧化，还可以在食物

新鲜水果和蔬菜中的维生素C可以预防衰老

包装中放入脱氧剂，用以消耗袋中的氧气。包装薯片时，人们往往会向袋中充入氮气，挤走氧气，来防止氧化。

嘘，悄悄告诉你，新鲜的水果和蔬菜中的维生素 C 可以防止人体"生锈"，起到抗衰老的作用，所以千万不能挑食喔！

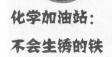

化学加油站：
不会生锈的铁

铁在世界上很常见，但几乎所有的铁都是以氧化铁的形态存在的，只要它暴露在空气中，很快就会生成铁锈。但只要铁身体中铬（gè）元素的含量在 10.5% 以上，它便很难生锈。原来铬与氧的关系更好，能从铁的手上"夺走"氧气，在金属表面生成氧化膜，铁接触不到氧气，便无法生锈，这种材料我们一般称为：不锈钢。

真空包装可以防止食品氧化

刷油漆是防止金属氧化的好方法

115

急飕（sōu）飕，乱糟糟！
暴躁的酸

要是把无机物世界里最危险、最暴躁的家伙们排一排，酸一定榜上有名。三大强酸个顶个的可怕，它们小小的身体里蕴藏着巨大的能量。你瞧，迎面赶来的就是急性子硝（xiāo）酸。

硝酸又爆炸了

危险！会爆炸的酸

小心点！别乱动！硝酸的威力可不是闹着玩的。它是一种带有强氧化性和腐蚀性的强酸，铁够坚硬了吧，可是在它面前和纸也没什么区别。事实上，除了金、铂（bó）、钛等化学性质稳定的金属，大部分金属都能被它腐蚀溶解，要是不小心将它溅到皮肤上，马上就会产生严重的烧伤。连硝酸气雾也会对人体呼吸道产生刺激作用，甚至能引发中毒和肺炎，实在是太可怕了。可这还只是硝酸最基本的性质，它最厉害的本领还没有展现出来呢。

轰隆！可怕的声音传来了，这就是硝酸的超级本领——爆炸。历史上最早的火药——黑火药，就是以硝酸钠为主要材料。后来，科学家们经过精心研究，发现棉花经过浓硝酸和浓硫酸的混合酸处理之后，能做成比黑火药威力更强的炸药。而大名鼎鼎的硝化甘油则离不开硝酸和甘油的通力合作。

硫酸比硝酸的本事更大，在加热情况下，浓硫酸可以与除金、铂以外的几乎所有的金属发生反应。它还有一项独有的

正在腐蚀皮肉的硫酸

妈呀！滴到手上了！

让他尝尝我们的厉害！

117

本领——脱水性，可以当作脱水剂，用来生产纸张和棉麻织物等。

　　没错！虽然硝酸和硫酸都是非常危险的家伙，但它们也可以帮助人们做一些好事。比如，硝酸可以用来生产化肥、农药、染料和塑料，高浓度的硝酸还可以当作火箭发射剂的燃料添加剂。硫酸则在冶金和石油工业领域大放异彩。它还可以用来改良土壤，在人们生活的方方面面都起着重要作用。

咳咳，会冒烟的酸

　　三大强酸最后的一位非常特别，它居然存在于我们的身体里。嘿！你还别不信，要是没了它，你连今天的晚饭都没办法消化，只能抱着肚

盐酸"冒烟"的真面目：盐酸小液滴

拥挤的盐酸游泳池

子痛个不停。

　　这种酸叫盐酸，是氯化氢的水溶液。这氯化氢见到水就急急忙忙往里钻，活脱脱一位热爱游泳的运动员。可要是游泳池里全都是人呢？肩挨肩，脚碰脚，实在是挤死了！一些氯化氢分子觉得非常不舒服，就变成气体溜到空气中来。呼，这下宽敞了，要是空气里还富含水蒸气，那就真是再好不过了。于是，氯化氢分子就和水蒸气结合，形成盐酸的小液滴，这种小液滴飘浮在空气中，看上去像飘着一层烟雾，所以人们总会说浓盐酸"冒烟"了。不过这种烟非常危险，大量吸入对人体极为有害。

　　有趣的是，我们肚子里胃酸的主要成分便是盐酸，它能够帮助我们分解、消化食物。有时候，我们不小心吃下没洗干净的食物，却没有肚子痛，

盐酸可以
除去锈迹

洁厕灵的主要
成分就是盐酸

颜料也
离不开
盐酸

HCL

天哪，居然
这么脏。

这就是胃酸的功劳，它能杀死一些有害的细菌，保证我们身体的健康。

盐酸在各个领域里都非常有用，在工业上，它能当作除锈剂，帮助金属去除身体表面上的锈，还能用于石油开采和食盐加工等。日常生活中我们也常常能看到它，比如马桶的好帮手——洁厕灵，它的主要成分就是盐酸，去除脏东西可是它的看家本领。此外，盐酸在医药、食品、印染、皮革等方面也得到了广泛的应用。

天哪！可以吃的酸

什么？能腐蚀皮肤、溶解钢铁的酸居然可以吃！难道不会蚀穿肚肠，直让人疼得龇牙咧嘴吗？其实，这些可以吃的酸，酸性比三大强酸弱得多，

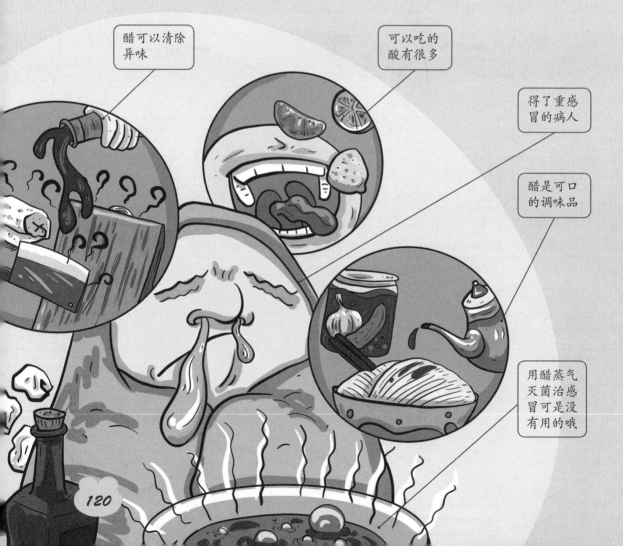

在食物里广泛存在着，比如非常受欢迎的健康食品——醋。

醋的身体里含有醋酸，能给我们的饭菜带来可口的酸味。想一想，要是拌菜、吃饺子的时候没有醋，那会失去多少美好的味道啊！

醋不但能当作调味料，还是能吃掉异味的"大嘴河马"。在做鱼的时候，只要洒上少量的

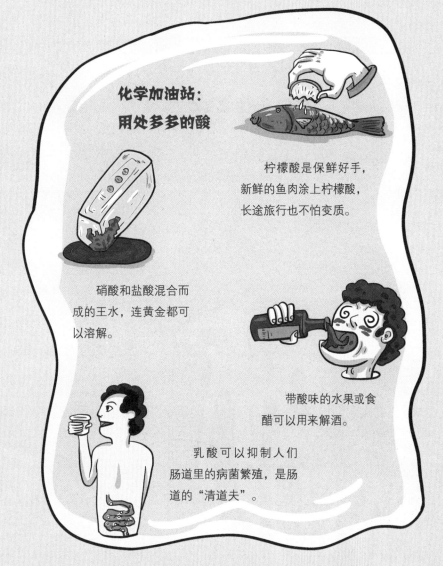

化学加油站：
用处多多的酸

柠檬酸是保鲜好手，新鲜的鱼肉涂上柠檬酸，长途旅行也不怕变质。

硝酸和盐酸混合而成的王水，连黄金都可以溶解。

带酸味的水果或食醋可以用来解酒。

乳酸可以抑制人们肠道里的病菌繁殖，是肠道的"清道夫"。

醋，鱼腥味就被醋"吃掉了"。切菜板和菜刀上挥之不去的洋葱味儿、陈米身上的腐味儿也都能用醋来除掉。

其实，大部分酸味食物中都含有酸，柠檬、柑橘和橙子里富含柠檬酸，葡萄、甜角葡萄酒里含有酒石酸，酸奶酸酸甜甜的离不开乳酸的功劳，可乐里还能找到碳酸。你瞧，可以吃的酸真是不少呀！

慢吞吞，懒洋洋！
安静的碱

见过了急性子酸，再来看看它的死对头碱吧。碱的个性和酸可完全不一样，慢吞吞、懒洋洋的，看起来腼腆又安静。可要是有人因此小瞧了它，那碱一定会狠狠给他个教训，让他长长记性。

粉刷墙壁用的石灰砂浆

懒洋洋牌石灰

小心石灰飞到眼睛里。

大树的"健康使者"

生活中常常能见到的石灰你有留意过吗？灰扑扑的一大袋，遇到有风的天气一下子就飞得满天都是。这些灰尘要是落到人的眼睛里那可不得了，它们能和眼睛中的水分反应，生成强碱氢氧化钙。这氢氧化钙可不是个好脾气，它有强烈的刺激性和腐蚀性，不用说，那些惹到碱的人，眼睛一定会狠狠地疼上一阵儿。

虽然氢氧化钙看起来非常冷酷，可它对大树却温柔又友爱。有时候，我们在马路上能遇到往树木上涂刷白浆的工人，这可不是在乱涂乱画，事实上，这些白浆的作用大着呢，不但能消毒杀菌，还可以赶走寄生在树干上的害虫。刷好白浆的大树们远远看去就像穿上了新衣服，显得整齐又漂亮。你还别不信，就这薄薄的一层白浆真的能起到像衣服一样的保暖作用，就算是寒冷的冬天，有了它，大树也不用担心被冻伤了。没错，白浆的主要成分就是氢氧化钙，而由氢氧化钙配制而成的"波尔多液"，还能治疗大树的"霉叶病"，真不愧是大树的"健康使者"。

正在给大树刷上新衣服

池塘里的大明星
——氢氧化钙

哇，妈妈快看，是氢氧化钙！

氢氧化钙，我们爱你！

氢氧化钙还是鱼类世界的大明星，有它存在的池塘里，水体往往呈现碱性，很多鱼类寄生虫、病菌和有害的水生昆虫都无法在此生存。它还能改善池底的通气条件、改良水质、

化学成绩超好的家政人员

超污克星
氢氧化钠

加速鱼类的大餐——浮游生物的繁殖和生长，怪不得它这样受鱼儿们欢迎。

在农业上，氢氧化钙常常用于改良酸性土壤，让土地更加适合耕种。在工业上，氢氧化钙可以用来制作漂白粉、消毒剂、缓冲剂等。在日常生活中，石灰水还常常被用来保存鸡蛋、防止茶叶受潮、制作美味的松花蛋等，实在是太有用了。

超酷的"污垢克星"

呀，遇到难缠的污垢了，快用肥皂来清洁吧。可你知道肥皂是由什么制成的吗？这就要向你介绍另一种碱——氢氧化钠了。

氢氧化钠是两大强碱之一，它有几个可怕的外号，比如火碱、烧碱、苛（kē）性钠。怎么样，光是听到外号就已经吓得不敢随便靠近它了吧？明智之举，事实上，氢氧化钠具有强腐蚀性，直接接触皮肤的话，会腐蚀表皮并带来明显的灼烧感。衣服如果滴上烧碱，会很快被腐蚀出一个大洞。日子久了，连盛放烧碱的烧杯都会被腐蚀溶解，你看，烧杯上一个一个白色的圆圈就是证据。"烧碱""火碱"的外号就是这样来的。

这么可怕的强碱我们居然每天都在用！快看看你的手有没有被腐蚀掉！答案当然是没有，在制作肥皂的时候，氢氧化钠会和油脂发生皂化反应，生成对人体无害的高级脂肪酸钠和甘油。而高级脂肪酸钠就是我们常说的肥皂了，它

明天去超市看看有没有这种油污净。

哇，居然清洁得这么干净。

能帮我们除去身上的油脂和污垢。可怕的家伙转眼间就变得乖巧又有用，怎么样，化学是不是非常奇妙？

哎哟，好脏的厨房，满满都是积攒好久的油污，普通的清洁剂根本拿它没办法。这时候就试试添加了氢氧化钠的厨房油污净吧，氢氧化钠可以和油脂发生反应，让油污变得更容易清洁。

氢氧化钠不但是油污克星，在各种领域用途都十分广泛。在化学实验中，它可以用于使气体干燥，还可以做碱性干燥剂。在工业方面，它可以用来精炼石油、造纸、炼铝、炼钨等。

酸碱的风向标——pH 值

又是酸性，又是碱性，把人搞得头都大了，到底该怎样区分它俩呢？别着急，找 pH 试纸来帮忙吧。

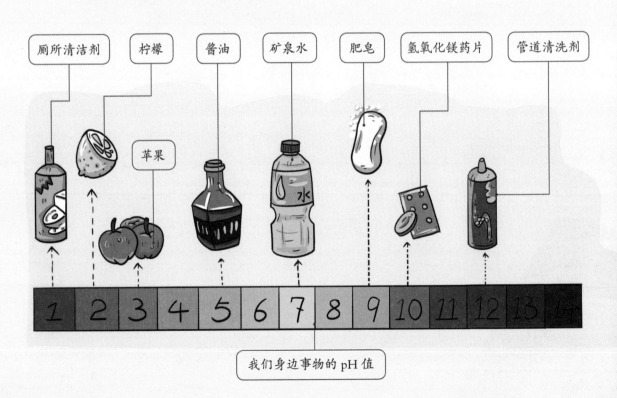

我们身边事物的 pH 值

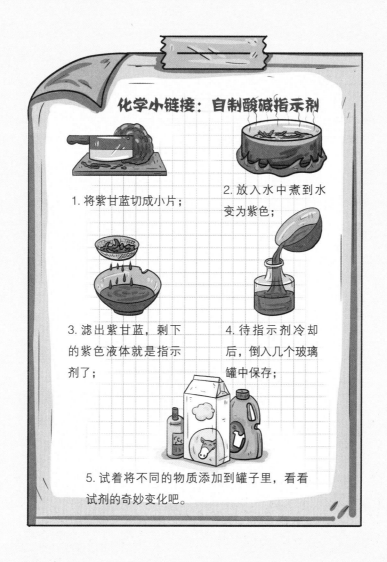

化学小链接：自制酸碱指示剂

1. 将紫甘蓝切成小片；

2. 放入水中煮到水变为紫色；

3. 滤出紫甘蓝，剩下的紫色液体就是指示剂了；

4. 待指示剂冷却后，倒入几个玻璃罐中保存；

5. 试着将不同的物质添加到罐子里，看看试剂的奇妙变化吧。

pH 试纸遇到酸性物质可以变成红色、橙色和黄色；遇到中性物质变为浅绿色；要是把它泡到碱性液体里，它就会变成深绿色、蓝色和紫色了，活脱脱一只变色龙。什么，你问它奇怪名字的由来？这就和 pH 值有关了。

就像你试卷上的分值一样，酸和碱的强度也有专门的数值——pH 值来衡量。酸性越强，pH 值越小。与酸相反，碱性越强，pH 值越大。中性物质的 pH 值为 7。

快来看看我们身边事物的酸碱度吧。

开始!
酸碱运动会

酸和碱这两个死对头,一个急飕飕,一个慢吞吞,一个酸溜溜,一个涩乎乎,性质天差地别,谁也不服谁。正巧,化学王国正在举办一场运动会,酸和碱到底谁强,运动会上见分晓吧!

狼吞虎咽的酸性队成员

哇,看起来好好吃!

这可怎么下口啊。

被铁崩掉的牙

溅出来的火星子

128

酸性队
胜出！

哔——

第一场，大胃王比赛

大胃王比赛在电视上经常出现，但比赛吃铁可闻所未闻。今天，酸碱两队成员就要在一分钟内比赛谁吃铁吃得更多。

比赛一开始，酸碱两队的成员就扑向铁，大把大把往嘴里塞。酸性队的队员吃得狼吞虎咽，桌子上的铁以肉眼可见的速度消失。可奇怪的是，碱性队的队员对着一桌子铁犯了难，嘴里的铁嚼（jiáo）啊嚼，怎么也吞不下去，急得头上直冒汗。一分钟过去了，铁一点都没有减少。这究竟是为什么呢？

如果你还记得前几章有关酸的内容，就会明白很多酸都有氧化性，很容易和各种活泼金属发生反应，生成盐和气体，看起来就像是酸把金属"吃掉了"。在生活中，有时可以见到被酸雨腐蚀的汽车金属外壳，它们身体上坑坑洼洼的，惨极了。仔细观察那些切过柠檬却没及时清洗的水果刀，可以见到一块一块的锈迹，这是因为水果刀与柠檬中的柠檬酸产生了反应，加快了它的锈蚀。所以，诸如酸菜、醋等酸性食物可不要长期用铁质器具盛放哦。

而一般情况下，碱和铁是不发生反应的，就算是危险的强碱，还需要高温和水的帮助，就像你去参加大胃王比赛，没有水一定会噎（yē）住的。

第二场，解毒大比拼

第二轮比赛是危险的解毒大赛，想要赢得这场比赛，就要看看谁的"解毒"本领更强。酸性队派出了盐酸，碱性队派出的则是氢氧化钠，它们面对的"毒气"正是危险的二氧化硫。

比赛场地是两个充满二氧化硫气体的罐子，酸碱两队的选手将在罐子里解去二氧化硫的"毒性"。比赛开始后，碱性队的氢氧化钠大口大口地吸收着二氧化硫，似乎没有比它更美味的东西了。而酸性队的氯化氢呢？不得了！它已经被二氧化硫毒晕了，快叫救护车！

可不要小瞧二氧化硫的毒性，人体长期接触它，可能会出现呼吸系统疾病和多组织损伤，还会出现呼吸困难、腹泻、呕吐等症状。幸好我们还有解毒高手氢氧化钠，它可以和二氧化硫发生反应，生成亚硫酸钠或亚硫酸氢钠，只要将它们好好收集起来，就不会产生危害。而氯化氢和二氧化硫则完全不会发生反应，要它来吸收毒气，实在是太难为人了。

所以第二局的优胜者是碱性队。现在酸碱两队的比分是一比一，那么接下来的拳击赛将是重头戏。

解毒能手氢氧化钠

二氧化硫气体

被毒晕过去的氯化氢

哎哟，好沉啊。

第三场，酸碱拳击赛

终于到了运动会的最后一场，酸碱两队的成员将在拳击台上进行直接对抗。比赛一开始，双方选手在拳击台上你来我往，互不相让，结果打到最后，选手们居然

化学加油站：
不得了，被昆虫叮了怎么办？

被蜜蜂、蚊子或者蚂蚁叮咬后，可以在伤口处涂抹肥皂水。这是因为蜜蜂等昆虫叮咬人时口器中会分泌出甲酸，它就是造成伤口红肿酸痛的罪魁祸首。而肥皂由氢氧化钠制成，溶于水后呈碱性，可以中和掉甲酸。此外含有碱性物质的药水，比如稀释后的氨水甚至牙膏也有同样的功效。

原来，酸和碱在一起会发生中和反应，酸中的氢离子和碱中的氢氧根离子结合生成水，酸性和碱性就都消失了，看起来就像是同归于尽了一般，真不愧是一对儿死对头。但在生活中，人们常常利用它们的这种特性，解决各种各样的难题。

在医药领域中，有用碱性药物制成的止酸剂，可以缓解人体胃酸分泌过多的症状。在农业上，可以用碱来改良酸性土壤，使其适合作物生长和微生物繁殖。我们平时吃的食物中也有酸碱性，发酵好的馒头呈酸性，加入碱面，就不会再有酸酸的味道；松花蛋含有碱性，在食用的时候加入醋，中和掉碱性后会变得更加美味。小朋友们吃饭的时候一定要荤素搭配，不可以挑食哦。

势均力敌的酸、碱拳击手

加油！左勾拳！

五彩缤纷的
盐世界

硅酸盐广泛存在于建筑制品之中

酸和碱碰面后的中和反应的产物除了水，还有盐。这个盐可不单单是指我们平时吃的食用盐。事实上，盐的世界比你想象的更加丰富多彩，一起来看看吧。

硝酸铵杀虫剂

这里待不了了，搬家吧。

盐的奇妙性质

在化学书上，常常将盐定义为由金属离子或铵（ǎn）根离子和酸根离子构成的化合物。停停停，这些实在太难理解了！我们先从盐的基本性质开始学习吧。

还记得这一章的标题吗？没错！盐是五彩缤纷的。我们平时见到的食盐氯化钠是白色的，但这只是它粉末状时呈现的颜色，其实在大块的晶体状态下它是透明的。大多数盐和食盐的颜色相近，但有些盐的颜色相当漂亮呢。当盐含有铜的氧化物时，往往会呈现蓝色；含亚铁的氧化物，会呈现绿色；还有红色、黄色、橙色、淡紫色的盐。因为它们有这样的特性，所以许多无机色素和人工合成的有机染料中都含有盐。

盐还有不同的味道，没想到吧！除了咸味，有的盐尝起来还带有苦味或甜味，味精中因为含有谷氨酸钠，所以还能尝到鲜味。有的盐，比如氰化氢闻起来会有苦杏仁味，醋酸盐闻起来和醋一个味道。当然，这些盐可不能轻易接触，很多重金属盐都含有剧毒，比如带着甜味的乙酸铅，若食用可能会导致铅中毒。汞盐进入人体会诱发肾功能衰竭、休克等。

但这么可怕的盐，经过神奇的化学处理后，成了人们日常生活中不

五彩缤纷的盐

误食重金属盐的老鼠

含有剧毒的重金属盐

盐

这盐尝起来甜甜的，但是好晕啊。

可或缺的好帮手。硝酸铵是一种硝酸盐，它由硝酸根离子和铵根离子组成，是很好的人工化肥原料，可以补充植物所需要的氮元素。此外，它还可以用来制作炸药、杀虫剂、烟火等。

化学实验中常见的硫酸铜是一种硫酸盐，它由硫酸根离子和铜离子组成，既可以用作纺织品媒染剂，也是一种普遍应用的杀菌剂。

硅酸盐是大多数岩石和土壤的主要构成成分，而建筑楼房时所用的砖、瓦、墙板、排水管等建筑制品中也少不了它们的踪迹。

可以说化学意义上的盐随处可见，路上的石子、田野中的泥土都含有盐类。在众多的盐中，有几种盐含量非常丰富，一起来认识它们吧。

化学加油站：

碱？盐？纯碱到底是什么？

碳酸钠又名苏打、纯碱，一般情况下呈白色粉末状，常用于传统面点制作时中和酸性物质。碳酸钠虽然叫纯碱，但它却是货真价实的盐，由碳酸根离子和钠离子组成，在日化、建材以及化学工业中有着广泛的用途。

水壶里的"白铠甲"——碳酸钙

真烦人，烧水壶里又积了一层白色水垢，烧起水来慢多了。热水瓶用久了，瓶胆上也会覆盖一层灰白色的东西，它们到底是什么呢？

其实这些主要是碳酸钙。在水被烧开的过程中，原本溶于水中的钙盐、镁盐等会受热转化成碳酸钙、氢氧化镁等，它们在水中的溶解度非常小，于是析出沉淀在水

穿着碳酸钙"铠甲"的水壶将军

壶的内壁上，时间一长，烧水壶就穿上了一层厚厚的白色铠甲。这么说，碳酸钙实在是又没用又可恶喽？这样想可就误会它了。

碳酸钙在地球上的储量极为丰富，常以岩石和矿物的形式存在，也是生物体骨骼或外壳的重要组成部分，贝壳和珊瑚的主要成分就是它。在建筑业上，它常用于制造水泥、石灰、人造石等。在医学方面，它可以用作抗酸药，来中和胃酸。在工业方面，它能当作塑料、橡胶的填料。此外，碳酸钙还被广泛应用于制造印刷油墨、白色涂料等。

生命之盐

我们身边最常见的盐——食盐，也是一种非常奇妙的物质。饭菜要是少了它那就完全没有味道，难吃极了。但你以为盐只是一种调味品吗？

对人体来说，盐可以帮助维持身体的渗透压平衡，维持神经和肌肉的正常兴奋性。如果缺乏食盐，人体内钠离子含量减少，钾离子从细胞进入血液，就会造成血液变稠、尿液量少、皮肤发黄等病症。所以，剧烈运动后，一定要喝生理盐水来补充钠离子。牛或羊舔舐（shì）墙壁、盐砖的行为，也是为了补充身体所需要的盐。

事实上，地球上的所有生物体内都含有盐分，它可以算得上是生命之盐了。

舔舐墙壁的绵羊

缺盐的后果

嘻嘻，盐非常重要，记得及时补充盐分哦。

135

鼓囊囊，混合！
稳定的溶液

快看，那是化学王国有名的胖子家族——溶液，它们在我们日常生活中占据着重要的位置。如果能忘记溶液"贪吃"的缺点，那它们就是顶好顶好的伙伴了，快来和它们认识一下吧。

什么是溶液？

如果用专业的知识说明，溶液是指一种或一种以上的物质以分子或离子形式分散于另一种物质中，形成的均一、稳定的混合物。嘿！停下，化学小专家可不能遇到困难就挠头，用白糖的例子来解释的话，你一定能够理解。

试着将一些白糖放入水中，咦，它们居然消失了。是不存在了吗？不，它们只是溶解到了水中，白糖分子和水分子均匀地混合在一起。恭喜你，一杯白糖水溶液已经配制成功了。这不就是平时常喝的白糖水吗？是

的，但你真的了解它吗？

先来看一下白糖水溶液的样子，澄澈透明，这是因为溶液中白糖分子和水分子间的空隙较大，不会阻碍光线通过，看起来自然是透明的了。大多数的溶液都拥有白糖水溶液这样的性质。

再尝尝它的味道吧，不说猛灌一大口后的甜蜜滋味，就算是最后一滴尝起来也是甜丝丝的。这是因为溶液各处的密度、组成和性质完全一致。你可以理解成白糖水溶液长得相当均匀，身体各部分都是一样的。

此外，溶液本身相当稳定，如果外界条件不改变的话，它们甚至可以永远存在。

没想到看起来普普通通的白糖水就是溶液了，那么生活中岂不是到处都存在着溶液？没错！你手边的可乐、汽水，妈妈做菜离不开的酱油、醋，冰箱里常备的凉茶、啤酒，都是溶液。受伤了擦的碘酒是碘的酒精溶液，补充体液用的生理盐水是氯化钠的水溶液……看来，我们的日常生活已经离不开溶液了。

扑哧——

关系超亲密的溶剂和溶质

在溶液中，白糖和水还有自己的专属称呼呢，像水这样可以溶解其他物质的化合物叫溶剂，像白糖这样被溶解的物质叫溶质。

在所有的溶剂之中，水被称为溶解的天才，因为很多物质都能溶于水，日常生活中最常见的溶剂就是它了。更厉害的是，除了像白糖这样的固体，水还能溶解气体和液体。怎么，不相信吗？那么从冰箱里拿一瓶可乐出来吧。

开盖！扑哧扑哧，一股气体猛地蹿了出来，再仔细观察可乐的表面，有很多气泡正不停地往外冒，猜猜看，这些气泡原本藏在哪里？没错，就是可乐之中。而气泡的真面目就是溶于水的二氧化碳。

试着从爸爸的酒柜里"偷"来一杯啤酒，这里面就溶有由粮食等发酵而成的酒精。像水和酒精这样，两种液体互相溶解时，我们一般把量更多的称作溶剂，量少的称为溶质。因为水的这种本领，生物体所需的营养物质和氧气都能溶解在水中，输送到全身。

这些都是油的好朋友

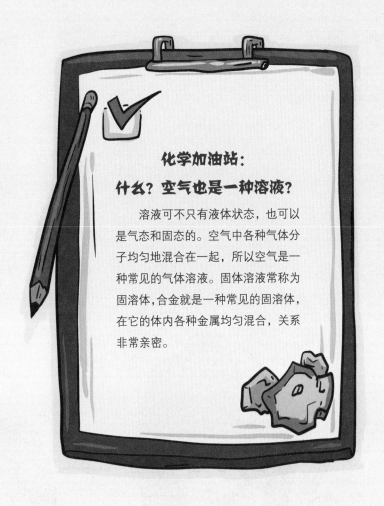

化学加油站：

什么？空气也是一种溶液？

溶液可不只有液体状态，也可以是气态和固态的。空气中各种气体分子均匀地混合在一起，所以空气是一种常见的气体溶液。固体溶液常称为固溶体，合金就是一种常见的固溶体，在它的体内各种金属均匀混合，关系非常亲密。

再试着将油倒入水中，怎么回事，油和水分成了界限明显的两层。它们两个可不对付，千万不要硬往一块凑。油也是一种常见的溶剂，它不溶于水，却有很多奇怪的好伙伴。

衣服上沾上巧克力的时候，用水怎么也洗不掉，但是用甘油或者汽油可以轻易去除，这是因为巧克力易溶于油。香水虽然名字中带着"水"字，可它和水却不怎么合得来。香水的原料是从花或树木中提取的精油，比起水，它更愿意和酒精待在一起。此外，香粉、口红和指甲油都是用和油关系好的材料制作而成的。

吃成个大胖子的饱和溶液

同一杯水，如果一直向其中加入白糖，水可以一直"吃"下去吗？答案当然是不可以。小化学家们不妨亲手试一试，结果是什么呢？水杯底部是不是出现了白色的沉淀？那就是无法溶解到水中的白糖颗粒！

像上面这样，向一定量的溶剂中加入某种溶质，当溶质不能继续溶解时，所得到的溶液叫作这种溶质的饱和溶液；还能继续溶解的溶液，叫作这种溶质的不饱和溶液。

饱和溶液因为"吃了"太多溶质，是个肚子被塞满的大胃王；不饱和溶液是一个还饿着肚子的可怜家伙。但有时候饱和溶液也会变成不饱和溶液，这就涉及溶解度的知识了。还等什么呢，马上翻到下一章吧！

饿着肚子的不饱和溶液

吃撑了的饱和溶液

加压，升温！
溶解度的秘密

灌入稀释后的糖浆

填充二氧化碳

高压下二氧化碳溶解到糖浆里

到了这里，可乐就生产出来了

不好了，饱和溶液吃了太多东西，现在直犯恶心呢！不过，它真的再也吃不下东西了吗？那可不一定，让它跑起来试试？或者给它一些压力或施加高温，溶液还能吃掉更多东西呢！

溶解度会随着压力的变化而变化

生活中很多人感到有压力会吃东西来疏解，溶液居然也是这样！当它们感受到压力变大后，胃口居然变得更好了，怪不得溶液家族里很多成员都是大胖子。其中，各种气体是溶液在"压力山大"时最喜欢吃的东西。

利用这种特性，人们发明了好喝的汽水！

在上一章，我们已经知道可乐中溶解着很多二氧化碳，开盖后它们会争先恐后地跑出来。可标准大气压下，二氧化碳在水中的溶解度小于0.05%，你可以理解为1万个二氧化碳中只有5个才和水是好朋友，能溶解到水中。如果只靠这种溶解度，根本不可能喝到像现在这样可口的可乐。

但在饮料工厂里，工人们利用高压仪器向二氧化碳施加5倍于大气压的强压，就像一只大手把二氧化碳硬生生地向水里挤去，可供二氧化碳停留的空间越来越小，没办法，很多二氧化碳只好逃进水中了。同时，二氧化碳还和水发生反应，生成碳酸，可乐的酸味就是来源于它。

所以，像二氧化碳这样，气体溶于水时，它的溶解度和施加的压力有很大关系。当压力增大时，1体积水中能溶解的气体会增加；而当压力减小时，1体积水中能溶解的气体就会减少。

当我们拧开可乐瓶盖时，瓶中的压强减少了，二氧化碳就从水中跑了出来，我们能听到的只有二氧化碳发出来的"嗞嗞"的欢呼声。此外，碳酸饮料的瓶子普遍比矿泉水瓶更厚更紧实，而且往往采用圆筒形状，这样的瓶子即使施加强压依旧很牢固，二氧化碳就不会那么容易跑出来了。

温度也能影响溶解度

那杯白糖水溶液你已经喝掉了吗？嘿！没关系，我们来配制一杯更甜的。向杯子中注入一定量的凉水，然后把白糖罐拿过来，我们要开始一个注定被妈妈骂的疯狂实验了！向杯中不断加入糖，直到杯子底部出现白色的沉淀，那些沉淀就是不能再溶解的糖了。换句话说，水已经吃下太多糖，再也吃不动了。但如果对杯子中的水进行加热，那些沉淀的糖居然慢慢消失了！它们去了哪里？被胃口大开的水吞到了肚子里！如果不再加热，已经溶解的白糖会随着温度降低又出现在杯底，水又将糖吐了出来。这到底是怎么回事？水的肚子没有上限吗？原来，在水温低的时候，水分子冻得瑟瑟发抖，几乎是不运动的，溶质往往沉积在水底难以溶解；而当水温升高以后，水分子就爱动弹了，变得非常活跃，溶质也容易渗入其中。

这种现象在洗衣服的时候也很常见，冬天洗衣服时，寒冷的水中洗衣粉颗粒很难溶解；加入热水后，才能出现绵密的泡沫。再试一试盐，看它的效果和糖有区别吗？

但也有特例，二氧化碳在低温下更易溶解。汽水包装上常写着冷藏后风味更佳，就是因为冷藏后的汽水中二氧化碳的含量更多。如果加热汽水，二氧化碳就变成气体偷偷溜走啦！

影响溶解度的其他因素

在温度、压力这两个条件都不变的情况下，

一个注定被妈妈骂的疯狂实验

还有什么影响溶解度的因素呢?

小化学家能够敏锐地捕捉到生活中常见事物背后的化学现象,你肯定早就发现,在白糖溶解时,用筷子搅拌一下溶解得更快。这是因为在溶解过程中,溶质附近的溶液浓度更高,溶解难以继续,只能等待溶质分子在溶剂中自由扩散,但搅拌可以让溶液运动起来,加速了溶质分子的扩散速度,溶解速度自然变快。

此外,白糖保存不当,受潮后会结成一大块,这样的白糖溶解起来会比颗粒状的更慢。这是因为成块的白糖与水接触的表面积变小,每次只有最外层的糖可以溶解到水中,溶解速度当然不会快了。所以遇到那些难以溶解的物质,将它们事先研磨成更细小的颗粒也许是个不错的选择。

化学加油站:
溶解度对环境也有影响

大海占地球表面积的四分之三,海水中溶解着大量氧气,海洋生物就是依靠这些氧气生存繁衍。但全球变暖后,海水温度升高,影响氧气在海水中的溶解度,很多氧气从海水中跑了出来,海洋生物们供氧不足,就会遭受灭顶之灾。

旋转，加速！
开始分离溶液

好热啊！

溶质和溶剂关系这么亲密，可愁坏了一些人，他们只想要溶液中的溶质或者溶剂，不过好在只要用上一些特别的方法，就能破坏掉溶质和溶剂的好关系，让溶液分离。

用蒸发结晶法制盐

收割甘蔗 　　榨汁 　　沉淀

结晶法，古人就在用的分离方法

添加石灰水去杂质

热制

古法红糖冷却成型

还记得那杯甜到掉牙的白糖水吗？一会儿溶解，一会儿又出现的白糖让人感到非常奇妙，但这种现象早在古代就被人发现了，聪明的古人还利用它来制取糖。

古人将成熟的甘蔗收割、榨汁、自然沉淀，然后加入石灰水去除杂质，得到澄澈的甘蔗汁，我们可以将其看作糖的不饱和溶液。接着不断加热搅拌，蒸发出多余的水分，并让更多的糖溶解到水中，便得到了糖的热饱和溶液。等到溶液降温后，无法溶解的糖便结晶成形，我们常见的红糖便是用这种方式制作出来的。化学上称之为分离溶液的结晶法。

结晶是指溶质从溶液中以晶体的形式析出的过程。而结晶法是利用混合物中各成分在同一种溶剂里溶解度的不同或在冷热情况下溶解度显著差异，而采用结晶加以分离的操作方法。常用的结晶法有冷却结晶和蒸发结晶两种。别急，这些并不难理解，古代制糖法用的便是冷却结晶法，而制盐则利用了另一种蒸发结晶法。

在海边玩耍时，总免不了喝到海水，呸呸，海水居然这么咸！这是因为海水中富含氯化钠，也就是盐。因此，我们可以将海水看作是盐的水溶液。古代沿海居民用海水制盐，便是先把海水引到盐田中；再利用日光和风力，使海水中的水分不断蒸发，形成盐的饱和溶液；最后，不能溶解的盐便会从中结晶析出，再经过沉淀、过滤等多种工序，就是我们见到的食盐了。

蒸馏，实验室常用的分离方法

如果给所有的水评一个"洁净奖"，蒸馏水一定能获得提名，这种水中不包含各种微粒杂质，甚至连溶于水中的微量元素和致病细菌都去除了。因为这样的特性，生活中常用它做泡茶器、香薰（xūn）机、发动机水箱等机器用水，非但不导电，还没有水垢形成。用它泡好的茶，味道更加纯粹，茶香四溢；对实验原料纯净度要求极高的化学实验也少不了它的参与。

可生活中我们常常见到的是矿泉水、纯净水、苏打水等，蒸馏水这样的名字实在是太奇怪了。

其实啊，蒸馏是一种溶液分离方法。它是指利用液体混合物中各成分挥发度的差别，使液体混合物部分汽化并随之使蒸气部分冷凝，从而实现其所含成分的分离。

在实际操作中，化学家们先将冷水加热直至沸腾，然后使蒸发出的水蒸气通过冷凝管，水蒸气受冷凝结成水珠流下，这就是去除掉杂质后的蒸馏水。看到这里，你是不是觉得蒸馏水非常熟悉？没错！这和妈妈蒸馒头时锅盖上凝结的水珠一样。

利用这种技术，人们可以从海水中取得纯水，只需要将蒸馏时的冷水换成海水，蒸发后冷凝的液体，就是纯水，所以在电视上的户外探险节目中，总能看到冒险家在海边利用塑料薄膜收集淡水的行为。

蒸馏还能应用到制酒上，在宋代以前，酒还是采用传统发酵工艺酿造而成的，喝起来味道淡淡的，来上两碗也不易醉。但宋代出现了蒸馏酒技术，从此，酒中水的含量越来越少，酒的度数越来越高，最终形成了我们现在享有盛名的中国白酒。国外的知名烈酒，例如白兰地、威士忌和朗姆酒也都是利用了蒸馏技术制作的。

喝一坛也不会醉的酿造酒

威士忌

只喝了两杯就不省人事

148

萃取，只有好朋友才能用的分离方法

尽管我们已经分离了很多溶液，但事实上，很多溶液中的溶剂和溶质关系非常亲密，冷热变化、蒸发冷凝也不能把它们分开，这时候就需要萃（cuì）取法的帮助了。

萃取是指利用溶质在互不相溶的溶剂里溶解度的不同，用一种溶剂把溶质从溶液中提取出来的方法。

比如在碘水中加入四氯化碳，就能萃取出溶解在其中的碘。这是因为比起水，碘和四氯化碳的关系更加亲密，碘单质在四氯化碳的溶解度更高，于是碘便从水中转移到四氯化碳中。这就像在一个不太熟悉的团体中，突然发现了自己最要好的朋友，你一定会拨开重重人群向他冲过去的！

四氯化碳和水的关系可不好，它们互不相溶，在试剂瓶中呈现界限分明的两层，可以轻而易举地将它们分开。再将四氯化碳进行蒸馏，就可以得到碘晶体了。

利用萃取技术，人们可以提取鱼油中的高级脂肪酸，萃取化妆品香料及中药有效成分，还能脱除烟草的尼古丁、浸取豆油等，萃取技术在日常生活中非常有用。

化学加油站：蒸馏水能喝吗？

蒸馏水有这么多功效，纯净又卫生，可以作为我们的日常用水吗？答案是不可以！因为蒸馏水在蒸馏过程中会损失掉很多人体所需的微量元素和矿物质，经常饮用蒸馏水会造成人体无机盐的流失。还有一点，蒸馏水纯净到一点味道都没有，喝起来还会有一种涩味。

四氯化碳

头也不回的碘

丢失了碘的碘水

不要走！

欢迎，嘟嘟~

欢迎

溶液的亲戚：
乳浊液

最后一章的小伙伴有些特别，溶液把自己的"亲戚"乳浊液介绍过来了，虽然常常有人分不清它们俩，但事实上它们的区别非常明显，学过这一章后，想要把它们搞混还真不容易呢。

乳浊液是什么？

在有关溶液的知识中，我们介绍了可乐、白糖水……等下，有一个好伙伴似乎从来都没有出现——牛奶哪儿去了？这不怪你，

我的奶也是乳浊液。

牛奶可不是溶液，它是正儿八经的乳浊液，和汽水的性质截然不同。

乳浊液是指由两种不相溶的液体所组成的分散系，一种液体以小液滴的形式分散在另一种液体之中。

别急，想一想牛奶和汽水最大的差别是什么？没错！牛奶是不透明的。这是因为牛奶里的奶油呈小液滴形式分散漂浮在水中，化学上称其为乳滴。它们就像是很多没办法溶解的白色小液滴，只不过要比平时见到的水滴小上很多倍。别看它们这样，和溶液中的粒子比起来，乳滴可是个货真价实的巨无霸，起码要比溶液粒子大上一百倍。所以当阳光照射牛奶时，会被漂浮的乳滴挡住，没办法透过，牛奶看起来就不是透明的了。

而且乳滴在水中的分布并不均匀，长期放置的或者变质的牛奶都容易出现分层现象，不溶于水的乳滴会逐渐沉淀到水底，遇到这样的牛奶一定不要喝。

乳浊液可不只包括牛奶，还有石油原油、橡胶树乳浆、油漆等，连藏族同胞常喝的酥油茶也是乳浊液。嘘，悄悄告诉你，人体内也含有大量的乳浊液，比如血液和淋巴液。想想血管里奔涌的液体竟和牛奶性质相近，这简直太酷了！现在，你一定能把溶液和乳浊液这对亲戚分清楚了吧？

乳浊液酥油茶

乳浊液油漆

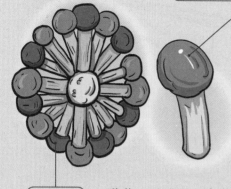

长得像根火柴的肥皂分子

被肥皂分子团团围住的油脂

合格的中间人——乳化剂

其实制作一杯乳浊液很简单，只需要在一杯水中加入适量油，再用勺子疯狂搅拌，油便会呈小液滴的形态分散到水中了，这种现象叫作乳化。可过了一会儿油和水又分成界限分明的两层了，这是怎么回事？嘿！忘记了，油和水可是对儿水火不容的冤家，想让它们成为好朋友可不容易。不过要是能请出中间人肥皂来帮忙，这件事还有转机呢！

我们往杯子中再加入肥皂，充分搅拌后，水和油居然融合在一起了，过了很久也没再分开！肥皂难不成有什么魔力吗？嘿嘿，如果你看到肥皂分子的样子，就不会感到奇怪了。肥皂分子长得就像一根火柴，火柴头的那一端和水非常亲密，火柴棍那端则更喜欢油。经过充分搅拌之后，无数肥皂分子与水亲和的头部向外，与油亲和的棍部向里，将油团团包围住了，这就相当于给油覆上了一层保护膜，不但能防止油微滴彼此聚集，还可以让油自由自在地分散于水中。

类似肥皂这样，能使两种或两种以上互不相溶的混合液体形成稳定的乳状液的一类物质叫作乳化剂。生活中你常常能见到它们呢。

衣服蹭上油污了，啃完肉骨头手上油乎乎的，还有那些堆在洗碗池里的脏碗筷，只用水冲可没效果，加入乳化剂就变得好清洗多了。洗衣粉、洗衣液、香皂、洗洁精等都是乳化剂。

等等，别以为乳化剂只能洗东西，面包中的蛋黄就是天然的乳化剂，它能使面团变得柔软蓬松；豆奶、可可乳等饮料则需要乳化

哇呀呀，我要让油和水融合！

别费劲了，一会儿又会变成我这样的。

界限分明的油和水

剂保证口感、避免分层；肉制品中的乳化剂可以帮它保持水分和外形；丝滑的巧克力、美味的冰激凌也少不了乳化剂的帮忙。

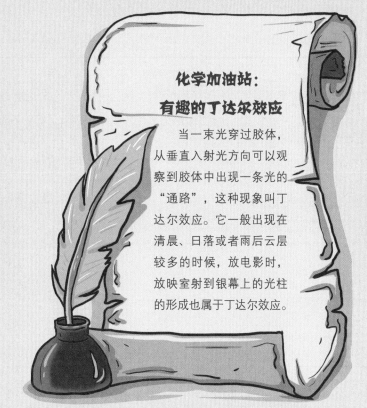

傻傻分不清楚的乳浊液和胶体溶液

糟了！豆浆正和牛奶攀亲戚呢，快点拦住它，豆浆可不是乳浊液，它属于胶体溶液家族！哎？豆浆明明也是白色不透明的液体，区别居然这么大吗？

豆浆是由黄豆泡发后磨碎制成的，所以在豆浆中漂浮的都是极为微小的固体颗粒，和牛奶中的小液滴截然不同。在豆浆中加入卤水或者石膏，使这些固体颗粒聚合凝固成含有大量水分的凝胶体，就成了豆腐。

这种现象叫作胶体聚沉，明矾（fán）净水也是运用了同样的原理。在水中，泥沙因为粒径小、比重小，常以细小的尘粒分散在水中。明矾使这些小颗粒聚合成更大的颗粒，沉淀到水底，水自然变得清澈。生活中常见的胶体溶液还有墨水、雾、涂料、有色玻璃、果冻等。

嘿！没想到你真的能坚持到这里，现在，你可以和你的朋友击掌欢呼了，因为你已经成为超级厉害的小小化学家了！不过，化学是一门需要勤动手的学科，不能没有实践而只是纸上谈兵，在《奇妙的化学实验》中我们将学到许多有趣的小实验，快拿起它吧。

泡发　　磨浆　　滤渣　　煮开　　点兑　　豆腐挤压成型

图书在版编目（CIP）数据

化学太有趣了. 有趣的化学知识 / 张姝倩著. —成都：天地出版社，2023.1（2024.2重印）
（这个学科太有趣了）
ISBN 978-7-5455-7238-4

Ⅰ.①化… Ⅱ.①张… Ⅲ.①化学 – 少儿读物 Ⅳ.①O6-49

中国版本图书馆CIP数据核字（2022）第177047号

HUAXUE TAI YOUQU LE · YOUQU DE HUAXUE ZHISHI

化学太有趣了·有趣的化学知识

出 品 人	杨 政
作 者	张姝倩
绘 者	李文诗
责任编辑	王丽霞　李晓波
责任校对	卢 霞
封面设计	杨 川
内文排版	马宇飞
责任印制	王学锋

出版发行	天地出版社
	（成都市锦江区三色路238号 邮政编码：610023）
	（北京市方庄芳群园3区3号 邮政编码：100078）
网 址	http://www.tiandiph.com
电子邮箱	tianditg@163.com
经 销	新华文轩出版传媒股份有限公司

印 刷	三河市嘉科万达彩色印刷有限公司
版 次	2023年1月第1版
印 次	2024年2月第5次印刷
开 本	787mm×1092mm 1/16
印 张	26（全三册）
字 数	359千字（全三册）
定 价	128.00元（全三册）
书 号	ISBN 978-7-5455-7238-4

化学太有趣了

生活中的化学

张姝倩◎著 李文诗◎绘

天地出版社 | TIANDI PRESS

前　言

走进瑰丽又奥妙的化学世界

亲爱的小读者，在日常生活中你有没有留意过这些现象和问题：

切洋葱时为什么会止不住地流泪？

小小的暖宝宝热量是从哪里来的？

刚切开不久的苹果为什么变成褐色？

烟花为什么会有各种绚烂的颜色？

汽水里为什么会钻出来一个个小气泡？

为什么用久了的水壶会结出一层灰白色水垢？

…………

其实，这些有趣的现象都可以用化学知识来解释。

化学是一门以实验为基础的研究物质的组成、结构、性质及其变化规律的科学，也是一门和人类生产、生活息息相关的科学。人类从原始社会发展到现代文明社会，就是一部化学的发展史。

但因为化学内容过于抽象，往往不易被理解，对小读者来说更像是谜一样的存在，更谈不上深入研究了。

为了让更多小读者喜欢上化学，乐于探索化学世界的奥妙，我特意编写了这一套《化学太有趣了》。

丛书共分为三册，《有趣的化学知识》着重介绍了化学的基础知识，力求为小读者构建起基本的知识框架。在这本书中，小读者可以认识到无处不在的分子、随处可见的元素，辨别质子与中子的不同，参加热火朝天的酸碱大赛……

化学是实验的科学，动手能力和基础知识同样重要，因此在《奇妙的化学实验》中我设计了30个操作性强、危险度低的小实验。大部分实验中的材料和工具，都是生活中常见的物品。小读者可以学到如何让小

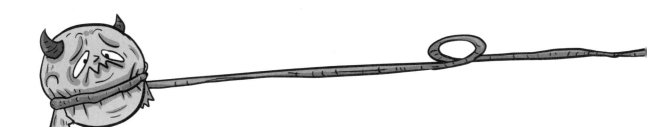

木炭跳舞，怎样做一座会喷发的小火山，甚至可以自己配制一杯好喝的汽水。此外，书中特别设置了"难易指数"，小读者可以依此判断是否需要爸爸妈妈的帮助。做实验时要记得做好保护措施，千万不要受伤哦。

在生活中，同样存在着无数好玩的化学现象，小读者见到后总会有"这种现象是怎么回事""那种反应又是什么原因"之类的疑问。为此，《生活中的化学》将详细讲述生活中的化学现象。咖啡为什么这么苦？醋除了调味还有什么妙用？臭豆腐的臭味是从哪儿来的？不粘锅"不粘"的秘诀在哪里？这些问题都将一一得到解答。

全书语言力求风趣幽默，尽量避免过度使用专业术语，并且在每个章节中，我都精心准备了"化学加油站"栏目，用以讲述各种有趣的知识。此外，书中还配有大量富有童趣的手绘插画，希望它们为小读者插上想象的翅膀，让科学变得趣味盎然。

最后，我衷心期望这套书能让小读者在趣味阅读中增长智慧，快乐成长！

在编写的过程中难免有疏漏之处，欢迎小读者提出宝贵意见，帮助我们改进和完善。

现在，欢迎来到瑰丽又奥妙的化学世界！不要迟疑，请尽情遨游吧！

谨以此丛书献给每一位勇于探索的小读者！

张姝倩

2022 年 9 月

目录

哎呀！咖啡为什么这么苦？ / 002

呜呜！被洋葱辣"哭"了吗？ / 006

为什么死海淹不死人？ / 010

呜呜，好疼！可乐会使牙齿溶解吗？ / 014

冰为什么会浮在水上？ / 018

糟糕！菠萝"咬"了我的舌头 / 022

恐怖！为什么一氧化碳会让人中毒？ / 026

美味可口的大胖子 / 030

不得了，苹果变丑了 / 034

冤枉啊！来自味精的哭诉 / 039

解密巧克力的强大能量 / 042

咕嘟咕嘟！可乐为什么会让人感到凉爽？ / 047

好酸！醋是怎么酿造出来的？ / 050

食品袋中的防腐保鲜卫士——脱氧剂 / 055

有趣，为什么萤火虫会发光？ / 058

咻——砰！天空炸开了绚烂的烟花 / 062

不能成为好朋友的水和油 / 067

噗！为什么臭屁不响，响屁不臭？ / 071

五颜六色的霓虹灯 / 074

变色眼镜的秘密 / 078

菠菜怎么这么涩？ / 082

烧水壶里的水垢是从哪里来的？ / 086

酸掉牙的猕猴桃怎么变熟？ / 090

咦？秋天，树叶为什么变色了？ / 094

呃！好臭好臭的臭豆腐 / 098

不粘锅为什么不粘食物？ / 102

铁甲战士也脆弱 / 106

嗡嗡嗡……该死的蚊子 / 110

哇，塑料！唉，塑料！ / 114

翻开这一页，
一起探索生活
中奇妙的
化学现象！

哎呀！
咖啡为什么这么苦？

你知道咖啡豆是怎么被发现的吗？传说是在公元 10 世纪前，一个叫卡尔的牧羊人发现的。卡尔是非洲的埃塞俄比亚高原上的牧羊人。有一天，他突然发现羊群变得无比兴奋，这让他觉得非常奇怪。经过观察，他发现，原来是他的羊都吃了一种红色的果实，才变得这么兴奋。好奇的卡尔自己也尝了尝，果然觉得自己变得有精神了，于是他采了这种果子带回去分给人们。这种果子就是咖啡豆。

咖啡为什么这么苦？

咖啡的味道香醇（chún）浓厚，已经不仅是西方人的日常饮品，也深受很多东方人的喜欢。不过，咖啡实在太苦了，即使加了糖，也会散发苦味，这可和我们平常喝的甜饮料不同呀。咖啡为什么这么苦呢？

这个看起来简单的问题，却在几十年的时间里困扰了无数科学家。德国慕尼黑理工大学的食品化学专家托马斯·霍夫曼和他的同事们经

吃了咖啡豆以后
兴奋地翩翩起舞

过大量研究发现，咖啡里分子量最小的一部分化学分子，味道是最苦的。

原来，咖啡之所以苦，是因为烘焙（bèi）过的咖啡豆。咖啡豆在烘焙时，会被激发出一个连锁反应，其中一种叫绿原酸的物质首先会被分解成绿原酸内酯（zhǐ）；如果咖啡豆继续被烘烤，绿原酸内酯又会分解出一种叫苯（běn）基林丹的化学物质，这种二次分解产物会产生更浓烈的苦味。

也就是说，烘焙程度会影响咖啡的苦味程度，烘焙时间越长的咖啡豆，泡出来的咖啡越苦。

咖啡豆烘焙时会产生大量二氧化碳

我从哪儿冒出来的？

咖啡豆也能释放二氧化碳

烘焙的咖啡豆不仅产生绿原酸内酯和苯基林丹，还会产生大量的二氧化碳气体。1千克烘烤后的咖啡豆会释放6~10升的二氧化碳气体，相当于咖啡豆总重量的1%~2%，其中35%的二氧化碳会在咖啡豆烘焙后的头三天产生。二氧化碳气体，你一定不陌生，虽然人类的生存离不开二氧化碳气体，但是太多了对我们也没什么好处。所以，应该把刚刚烘焙过的咖啡豆存放一周时间，等里面的二氧化碳气体释放完再研磨冲泡。

不过，随着二氧化碳气体的排走，咖啡豆中的一部分香味也会消散。如果存放时间太久，咖啡豆的香味不仅会变淡，咖啡豆中的化合物也会因为氧化产生不好的气味，这就是为什么有的咖啡会有一股油腻的味道，这说明存放时间太长，没那么新鲜了。

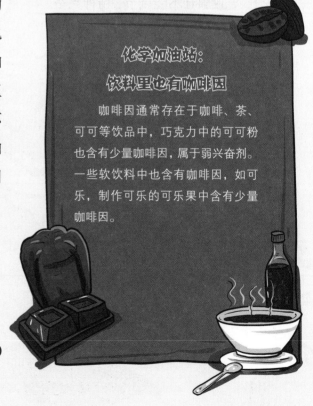

化学加油站：
饮料里也有咖啡因

咖啡因通常存在于咖啡、茶、可可等饮品中，巧克力中的可可粉也含有少量咖啡因，属于弱兴奋剂。一些软饮料中也含有咖啡因，如可乐，制作可乐的可乐果中含有少量咖啡因。

咖啡中的咖啡因

你知道吗？咖啡中含有100

多种物质，包括单宁酸、油、氮（dàn）化合物，还有我们熟悉的咖啡因。

举个例子，每100克速溶咖啡中，就含有44～100毫克的咖啡因；每100克调制咖啡，咖啡因会更多，大概在64～124毫克之间。

咖啡因是一种植物生物碱（jiǎn），存在于很多植物中。除了咖啡、茶叶，可乐果中也含有咖啡因。咖啡因还是一种天然杀虫剂，能使吞食含有咖啡因植物的昆虫麻痹（bì）。

咖啡因也是刺激中枢神经系统的化合物。它通过黏（nián）附在大脑腺苷（xiàn gān）受体的方式刺激人们大脑的中枢神经系统，从而阻止了负责减缓中枢神经系统活动的腺苷分子和腺苷受体的结合，导致腺苷不能调节，精神兴奋。这会降低人们的疲劳感，提高注意力、警觉性，精力充沛。这就是为什么工作疲劳的人们喜欢用咖啡来提神。不过，晚上喝咖啡会影响入睡，造成失眠。

现在，咖啡因随处可见，越来越多含有咖啡因的产品被摆上货架。在美国，有90%的人每天至少喝一杯含有咖啡因的饮料。每个成年人每天摄入咖啡因的量不应超过400毫克或者喝咖啡不要超过4杯。摄入过多咖啡因对身体健康不利，如造成头痛，还会造成失眠、焦躁、肌肉颤抖等问题。

怎么突然晕晕的？

马上就跟我一样了。

被咖啡因麻痹的昆虫

呜呜！
被洋葱辣"哭"了吗？

"洋葱，全世界的人都认识它，是一种再普通不过的蔬菜了。"

这是你对洋葱的看法吗？其实呀，洋葱一点儿都不普通。早在一千多年前，古埃及的石刻上就出现了洋葱的身影，可见它历史悠久。它还有一个非常高贵的称呼——蔬菜皇后。而我们能吃到洋葱，要感谢西汉的张骞（qiān）。张骞出使西域带回的众多物种中就有洋葱。最重要的是，很少有蔬菜能让人流泪，但是洋葱可以，这在蔬菜界应该算不普通了吧？！

自带"催泪弹"的洋葱

不论你爱不爱吃洋葱，切的过程都会被辣"哭"。难道它不喜欢被切，在用自己的方式反抗？它有生命，但应该没有这种意识。不过，它的确在自我保护。洋葱在进化的过程中，为了抵御害虫的侵入，进化出一种叫蒜氨（ān）酸的酶（méi），

呜啊呜啊——

被洋葱辣出了眼泪

辣死我了！

谁要是想伤害它，就向谁开炮！听起来怎么更像洋葱给自己配备了"催泪武器"？

开炮的过程并不是这么简单，而是经过了一系列的化学反应才最终实现"催泪"的效果。听起来真不简单，原来，洋葱用的是化学武器呀！

当洋葱被切开的时候，它的组织细胞被破坏，蒜氨酸酶和洋葱中的硫（liú）化合物同时被释放。两种化学物质发生化学反应生成了丙烯（xī）基次磺（huáng）酸。这种酸会刺激我们眼角膜的神经末梢，引发流泪。流出的眼泪会把刺激眼睛的物质冲刷掉。

高贵的蔬菜皇后
——洋葱

溶于水的蒜氨酸酶

洋葱洋葱，把你泡进水里，看你怎么办！

不过，即使眼泪能冲刷掉洋葱释放的刺激物，切洋葱也始终是一件痛苦的事情。我们既然知道了切洋葱使人流泪的原因，就一定会有解决的办法。比如，我们可以将洋葱对半切开，然后放进水里泡10 ~ 20分钟，再拿出来切，就不会流眼泪了。因为蒜氨酸酶可以溶于水，将洋葱泡进水里可以将蒜氨酸酶溶解掉，不再和硫化合物发生化学反应，也就不会形成刺激眼睛的物质了；此外，切洋葱的时候，也可以在刀上淋点儿水，或者直接将洋葱放进水里切。虽然蒜氨酸酶会把人辣"哭"，但是也有很大的作用，它可以起到抗菌、杀菌的作用，还能帮助洋葱免受害虫的侵入。更重要的是，蒜氨酸酶具有防癌抗癌、抑菌杀毒、清除人体自由基、抗衰老、抗感冒等很多功效。

蔬菜皇后

虽然洋葱很平常，但是它营养十分丰富。它富含钾（jiǎ）、维生素

C、叶酸、锌（xīn）、
硒（xī）等营养素。
其中，硒元素是一种
抗氧化剂，可以通过
刺激人体免疫力抑制
癌细胞分裂和生长，
同时还能降低致癌物
的致癌性。硒和洋葱
中的槲（hú）皮素都
可以抑制癌细胞的生
长。研究发现，常吃
洋葱比不吃洋葱的人

患胃癌的概率少25%。而且洋葱是唯一含有前列腺素 A 的蔬菜，对降血压、
预防血栓的形成有很好的作用。

　　洋葱的味道浓郁，是因为一种化学物质——大蒜素。
大蒜素能刺激胃酸的分泌，帮助人增强食欲，提
高肠胃功能，开胃助消化。此外，它还
可以杀菌、抵御流感病毒的侵入，
从而帮助人体预防感冒。更重
要的是，它可以杀死癌细胞，
对抗癌、防癌有很好的作用和
效果。

　　怎么样，洋葱的营养是
不是非常丰富，不愧是蔬菜皇
后吧！

化学加油站：
被拍碎的大蒜

　　除了洋葱，大蒜中的蒜氨酸
酶也很丰富。我们平常菜肴中的
大蒜，经常是拍碎或切碎的，这
是因为当大蒜被碎开后，蒜氨酸
酶被激活，催化蒜氨酸分解，才
会释放出对人体有益的大蒜素。
这下你就知道，为什么大蒜不是
被切成蒜末就是被拍碎了吧！

为什么

死海淹不死人?

你听说过死海吗?它可是非常有名的湖泊!对,死海是湖泊,不是大海。它位于西南亚,在以色列、巴勒斯坦、约旦三个国家的交界处。它所处的位置是世界最低的,但含盐量非常高。在死海里,很少有生物能存活,哪怕是在它周围也很少有植被能生存。但奇怪的是,人掉进去却不会被淹死,听起来真是匪夷所思!

是上帝的赦(shè)免吗?

大约两千年前,一名叫狄杜的古罗马统帅打算处死一批俘虏。他带领军队来到死海,看着一眼望不到边的湖水,决定将俘虏丢进死海祭

在死海甚至能躺在水上看报纸

祀（sì）海神。俘虏一个个被丢进湖水里，却并没有沉没，而是浮出了水面，甚至被送回岸边。于是狄杜又命令手下，将俘虏重新扔进死海，可是俘虏仍然没有被淹死。狄杜以为这是神灵对俘虏的保佑，所以把俘虏都释放了。

实际上，这并不是神灵的保佑，而是死海本来就淹不死人！这可和我们平时见到的湖泊不太一样呀。这究竟是怎么回事呢？

原来呀，这是因为死海的含盐量非常大，其含盐量大约有 130 亿吨，占到湖水的 25% ~ 30%。一般的大海含盐量大概是 3.5%，而死海的含盐量是普通大海含盐量的 8.6 倍左右，并且越是靠近湖底的位置，含盐量越高。在死海的深水处，甚至有湖水化石化，这是氯（lǜ）化钠（nà）溶液饱和的状态。

死海的表层水，一升湖水中有 227 ~ 275 克盐。因为它就像是一杯浓浓的盐水，密度很大，浮力自然就大了。所以，

躺在死海上晒日光浴、喝果汁，太舒服了！

011

化学加油站：死海边上的盐柱

传说，在远古时期，死海是一片陆地。这里的居民恶行累累，不知悔改，上帝决定惩罚他们。在惩罚之前，上帝告诉一个叫罗得的人带他的妻子和两个女儿离开这里，离开时千万不要回头。当罗得和家人离开时，从天而降的大火瞬间毁灭了村庄。罗得的妻子心有不舍，回头望了一眼，就在她回头的瞬间，突然化成了盐柱。现在死海附近的山坡上，仍旧有一根石柱，像是扭头回望死海的女子。

人要是掉进去不会沉入湖底，而是像躺在了一张水做的床上，可以悠闲地看报读书或闭目养神。这下你就知道为什么死海淹不死人了吧。

为什么叫死海？

看到这儿，你大概会问：既然死海淹不死人，那为什么叫死海呢？由于死海的含盐量太高，根本没有鱼、虾能生存。每当涨潮，误闯死海的鱼、虾就会死亡，而岸边也基本上很少有植物能存活。不过死海也不是全无生命，比如，科学家就在湖底的沉积物中发现了绿藻和细菌。科学家研究发现，死海中有一种叫"盒状嗜（shì）盐细菌"的微生物。这是一种蛋白质，又叫铁氧化还原蛋白，具有防止盐侵害的独特功能。普通的蛋白质要是离开水就成了沉淀物，但是这种蛋白质，在高浓度的盐水中也不会脱水，并且能够完好、安全地生存。这是因为这种特殊的蛋白上含有带负电的氨基酸，可以吸引盐水中具有正、负极的水分子，从浓浓的盐水中将水分夺过来，维持自己的生命。

鱼、虾在死海中都无法生存

涂满了死海湖底的黑泥

这可是美容秘方！

丰富的矿物质

死海阳光充足，温度较高，湖水在蒸发后留下了丰富的镁（měi）、钠、钾、钙、溴（xiù）等矿物质，尤其是溴含量很高，有很好的镇静作用。常在死海中浸泡，还可以治疗关节炎等慢性病。所以，这里成了游客休闲疗养的圣地。这里是地球上气压最高的地方，空气中的氧含量丰富，人在这里呼吸会格外畅快舒服。

不仅湖水，死海湖底的黑泥也是一宝。它里面含有丰富的矿物质，是美容的佳品。它具有清洁皮肤，改善、提亮肤色和淡化皱纹的功效。聪明的以色列人发现了这一商机，在死海周围开了几十家美容疗养院，他们将顾客的身上涂满黑泥，帮助顾客美容健身。由于功效特殊，这种黑泥成了以色列和约旦重要的出口产品。

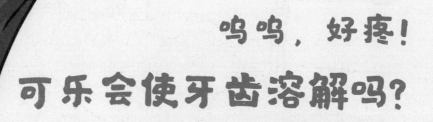

呜呜，好疼！
可乐会使牙齿溶解吗?

小朋友，你喜欢喝可乐吗? 我想不论你喜不喜欢，都对可乐很熟悉吧? 它是一种很常见的碳酸饮料，在超市或商店，只要有卖饮料的地方，一定会有可乐的身影，可见喜欢它的人很多。但是关于它的争议也很多，比如，担心它会引起骨质疏松，或者会让牙齿变软，甚至有人怀疑它会把牙齿溶解了。听起来似乎很严重哪!

误放的小苏打水

你知道可乐的历史吗? 起初它可不是饮料，而是由美国的一名药剂师从可乐果中提取发明的药。这位药剂师发明的可乐中并没有气体，只是一种像饮料的解乏、治头疼的药用口服液，名字也并不叫可乐，而是叫"可卡可拉"。

而且，这种药在喝的时候需要兑上凉水。但是有一天，一个跌跌撞撞的酒鬼闯进药店，说要一杯能治头疼的药水可卡可

拉,偷懒的营业员拿起手边的苏打水就兑进了可卡可拉里。没想到醉酒的人直喊"好喝",并且到处宣传。就这样,药用可卡可拉阴差阳错地变成了碳酸饮料可乐。不过,可乐不负众望,四十年以后,它终于以碳酸饮料的身份风靡(mǐ)世界。

可乐中的成分

可乐中含有焦糖、磷(lín)酸、咖啡因和由二氧化碳和水组成的碳酸水。有人说这很不健康,有人说这没什么,哪怕是科学家都争论不休。那可乐会把人的牙齿溶解吗?

首先,可乐呈酸性,一般市面上的可乐 pH 值都会低于 5.7,处在 pH 值低于 5.7 的环境中时间越长,牙齿上的矿物质就会流出越多,使牙齿变得更脆弱。其次,可乐中含有大量的糖分,当喝可乐时,附着在牙齿的糖分在口腔细菌的作用

狂喝可乐的醉汉

连鼻子中都喷出了可乐

**化学加油站：
为什么喝可乐总会
打嗝（gé）呢？**

喝可乐之所以总是打嗝，是因为可乐中含有二氧化碳，它是以液态的形式和水一起进入胃里的。它在温热的胃里又会变化成气体，气体堆积越来越多时，肚子就会发胀，上逆打嗝就是将二氧化碳气体排出体外的方式。

下，也会产生酸，从而对牙齿造成伤害。

你听了以后，是不是觉得很害怕呢？不用过分担心！如果你只是偶尔喝一次，并不会把牙齿溶解掉，或出现牙齿健康问题。但是，如果经常喝可乐，就要小心了，因为它很可能对牙齿造成腐蚀，引起牙齿敏感、染色、龋（qǔ）病甚至导致牙齿脱矿溶解。因此，改掉长期喝可乐的习惯是最好的。如果实在想喝，可以减少喝可乐的次数，或者用吸管喝，减少牙齿接触可乐的时间，也可以在喝可乐后漱口清洁牙齿。

不仅可乐，其他酸性饮料也会对牙齿有一定的影响。所以，尽量少喝碳酸饮料和一些酸性饮料吧。

被可乐腐蚀的牙齿

呜呜，好疼啊！

磷酸盐会引起骨质疏松吗？

你可能会问："既然可乐中含有磷酸，那喝可乐会影响人体钙吸收或者导致骨质疏松吗？"磷酸钙是人体必需的矿物质，在人体的新陈代谢中起重要作用，也是骨骼、牙齿的重要成分。因为可乐是酸性饮料，所以它在一定程度上会影响钙吸收，但是科学家在大量的研究中并没有发现可乐会造成骨质疏松。虽然磷酸盐会影响钙的吸收，但是偶尔、少量喝可乐，对钙吸收的影响也是很小的。

可乐的味道太棒了！

冰
为什么会浮在水上？

你发现了吗？波光粼（lín）粼的湖面一到冬天就变成了一块超级大冰坨，等到春天来临，天气暖和了，冰又会化成水。可见冰和水是同一种物质，只是在不同温度下呈现出了不同状

浮在水上的冰山就是我的度假胜地。

花样滑冰运动员企鹅

态。可是，你一定也发现了，冰通常会漂浮在水上，而不是悬浮水中，也不会沉入水底。这就奇怪了，既然是一样的物质，为什么冰比水轻呢？

古灵精怪！冰水大变身

水能结成冰，冰能化成水，它们只是状态不同而已。

水具有流动性，是液体，冰是固体，它们同样的基因水分子，是由一个氧原子（O）和两个氢（qīng）（H_2）原子组成的。在常温常压状态下，这种物质会呈现出水的状态。水是一种没有颜色、没有味道的液体。人类的生存离不开水。就拿我们的身体来说吧，有 70% 是水组成的，相关研究表明，在新生儿的身体里，水的比例占到 80%～90% 呢！再比如，我们赖以生存的家园——地球，它的表面绝大多数覆盖着水，水的比例高达 71%，地球因此被称为"水球"，也就是我们常说的"蓝色星球"。水是极其重要并且常见的物质。

除了水，我们对冰也并不陌生，将一碗水放进冰箱的冷冻层，很快就会得到一块冰了。我们在冬天也可以经常看到冰。除了不能像水那样流动，冰还很坚硬。这是因为冰是水分子有序排列成的结晶，通俗点儿说，

就是固体。坚硬的就一定厉害吗？当然不是了。如果你把一块冰放进一杯水里，过不了多久，冰就不见了，而水的高度升高了。这是因为冰已经消融成水了！也就是说，冰和水在不同的温度下进行了角色的转换。

可是还有一个细节，你观察到了吗？冰在水中是漂浮着的。既然冰和水都是由一样的水分子构成的，那为什么冰是浮在水的表面，而不是沉入水中呢？

奇妙的排兵布阵

水是有浮力的，如果没有外界因素的影响，通常比较轻的东西会浮在水面上，如树叶、羽毛球或者花瓣，而像石头、铁块等比较重的东西则会沉入水底。但是，不管是春天河里还没有完全消融的冰，还是喝饮料时加入的冰块，抑或海洋中的冰山，都是漂浮在水面上的。这简直太奇怪了！

由于冰和水的不同状态，冰和水中的氧原子和氢原子的链接方式也不同。你可以理解成冰和水进行排兵布阵的方式不同，而这个排兵布阵的总指挥，就是链接氢原子、氧原子的氢键。一个水分子中的氧原子和

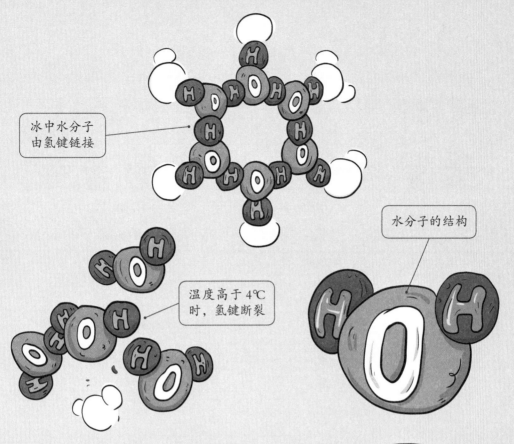

冰中水分子
由氢键链接

温度高于4℃
时，氢键断裂

水分子的结构

另外一个水分子中的氢原子产生静电吸引力，就是氢键。

当水的温度高于4℃，水分子会遵循热胀冷缩的原则，链接氢原子、氧原子的氢键断裂，水分子之间的间隔缩小并且处于自由运动状态，所以水的密度比较大。当水的温度在4℃以下，氢键逐渐链接，水分子之间会逐渐链接。而冰的结构是六方晶体或者四方晶体，这就是氢键将水分子有规律地排列的缘故了。在冰的状态下，水分子的排列存在较大空隙（xì），因此冰的密度比较小。

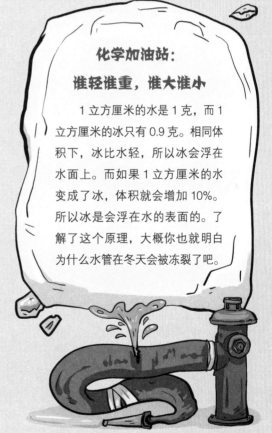

化学加油站：

谁轻谁重，谁大谁小

1立方厘米的水是1克，而1立方厘米的冰只有0.9克。相同体积下，冰比水轻，所以冰会浮在水面上。而如果1立方厘米的水变成了冰，体积就会增加10%。所以冰是会浮在水的表面的。了解了这个原理，大概你也就明白为什么水管在冬天会被冻裂了吧。

糟糕!

菠萝"咬"了我的舌头

说到菠萝，很少有人不喜欢。它酸甜多汁，还有一股特有的香味。更重要的是，它可以做菜，这是其他很多水果都做不到的。不过，吃菠萝也很让人头疼，有一种"你吃菠萝，菠萝也在吃你"的感觉，舌头像是被它咬了一样，又麻又疼，伸出舌头看一看，上面还有很多小红点，严重的还会出血。难道菠萝真的会咬人？

吃蛋白质的菠萝蛋白酶

千万不要误解菠萝，菠萝可不会咬人，"咬人"的是它体内一种叫"菠萝蛋白酶"的生物酶。这种生物酶会和人体发生化学反应，比如，它能分解蛋白质，而我们的舌头刚好富含蛋白质。所以，人在吃了含有菠萝蛋白酶的菠萝以后会出现舌头发麻、刺痛的感觉。反应严重的人，还可能出现头晕、腹痛、腹泻、呕吐及全身发痒等症状。

原来是菠萝蛋白酶在"吃"我们的舌头呀！听起来很吓人的！如果这样，谁还敢吃菠萝呀。但是，放弃吃这么酸甜可口的水果，实在太可惜了。别担心，我们发现了"咬人"的凶手，就会找到应对的绝招。菠萝蛋白酶有三怕：一怕盐，二怕碱，三怕高温。知道了菠萝蛋白酶的痛点，我们就有应对绝招了。绝招一：把菠萝切成块，在盐水中泡一会儿。盐水将部分菠萝蛋白酶从菠萝肉中析出，从而可减少对舌头的伤害。盐水还能分解一部分菠萝中的酸，让菠萝吃起来更甜。绝招二：我们可以把菠萝浸泡在苏打水中。绝招三：加热。把菠萝浸泡在 45℃ ~ 50℃ 的温水中加热，同样能起到分解蛋白酶的作用。有了这么多绝招，就再也不用担心舌头被"咬"了。

菠萝蛋白酶的妙用

其实菠萝蛋白酶对人体也有很多好处。比如，吃了比较油腻的食物之后，再吃一些菠萝，就可以避免脂肪堆积，起到减肥的功效。

菠萝的茎、叶、果、皮都富含菠萝蛋白酶。它是一个包含不同分子量和分子结构的酶系，至少包含五种蛋白

水解酶，在不同的领域都有很好的作用。

在食品加工领域，菠萝蛋白酶可以降解面团的筋度，提高饼干和面包的口感和品质。如果用于美容，它有美白、淡斑、嫩肤的功效，能促进皮肤新陈代谢，减轻皮肤因为日晒引起的皮肤色素沉着。而在医药领域，菠萝蛋白酶也有很好的药用价值，比如，它对炎症、水肿有很好的治疗作用；可以抑制肿瘤细胞的生长，有很好的抗癌功效；可以帮助消化，补充人体内消化酶的不足；能溶解阻塞人体组织的纤维蛋白和血凝物质，稀释血脂，促进血液循环，所以对高血压病人非常友好。研究发现，长期

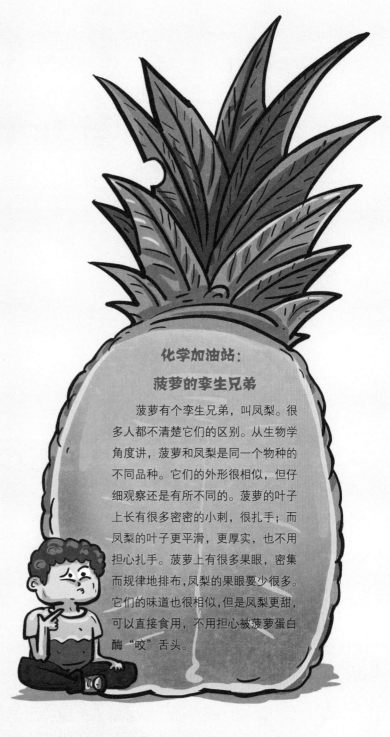

化学加油站：

菠萝的孪生兄弟

菠萝有个孪生兄弟，叫凤梨。很多人都不清楚它们的区别。从生物学角度讲，菠萝和凤梨是同一个物种的不同品种。它们的外形很相似，但仔细观察还是有所不同的。菠萝的叶子上长有很多密密的小刺，很扎手；而凤梨的叶子更平滑，更厚实，也不用担心扎手。菠萝上有很多果眼，密集而规律地排布，凤梨的果眼要少很多。它们的味道也很相似，但是凤梨更甜，可以直接食用，不用担心被菠萝蛋白酶"咬"舌头。

食用菠萝中富含蛋白酶的部分，心脑血管、糖尿病发病率可明显降低。

快把菠萝推荐给你的亲朋好友吧！

恐怖！
为什么一氧化碳会让人中毒？

　　每当冬天来临，我们就会看到各种宣传警示，提醒人们谨防一氧化碳中毒，可见这是一件多么严重的事情。你知道吗？当空气中的一氧化碳浓度超过 0.04%，人就会出现中毒现象，听起来简直太恐怖了。一氧化碳是什么？为什么会让人中毒呢？

恐怖的一氧化碳

燃气灶、液化气、煤炭炉在使用时，都可能会释放一氧化碳

可怕的一氧化碳在哪里？

一氧化碳和氧气一样，是一种气体，不同的是氧气可以供我们呼吸，而一氧化碳却令人中毒。一氧化碳是一种有毒气体，在正常状态下是无色、无味的。人如果处于一氧化碳浓度较高的环境中，就很容易中毒，人的心、肝、肾、肺等脏腑和大脑会受到损害。一氧化碳离我们的生活并不遥远，是大气污染的常见污染物，存在于很多含碳物质，如煤炭、石油等的不完全燃烧物中，和我们生活最为接近的就是汽车等交通工具的尾气排放、冬天供暖的煤炭燃烧、煤气或液化气的泄漏等。矿井放炮、煤矿的瓦斯爆炸以及工业的冶金炼焦、炼铁和化学工业氨、甲醇的生产过程，都会释放一氧化碳。另外，木材的燃烧以及森林火灾也会释放一氧化碳。

每到冬天都会有各种宣传警示，提醒人们谨防在使用燃气和煤炭取暖时中毒。这是因为燃烧的燃气和不完全燃烧的煤炭会释放一氧化碳，这是使人中毒的真凶。因为冬天天气寒冷，门窗密闭，在这种通风不好的空间中，如果一氧化碳含量变高而不能飘散，人呼吸了这种空气就会中毒。所以，在使用燃气和煤取暖时，要注意经常开窗通风，保持空气流通。

睡眠时吸入一氧化碳而中毒

027

争夺战

　　一氧化碳是怎样让人中毒的呢？在了解一氧化碳使人中毒的真相之前，我们先了解一下人的呼吸过程。

　　我们都知道，人的呼吸离不开氧气，而在人的肺脏中大约有7亿5000万个肺泡，这些肺泡将数不清的毛细血管紧密交织。人通过呼吸的方式把氧气输送到肺里，肺泡像是接力比赛的选手一样，将氧气传递给血液，使氧气和血红蛋白结合，血液就会循环输送到身体各个部位。

　　而人体一氧化碳的中毒原因居然是一氧化碳和氧气在人体中的争夺战。如果氧气中混入浓度较高的一氧化碳，当人在呼吸的时候，就会把一氧化碳也吸进肺里。一氧化碳进入肺部，马上抢占先机，和血红蛋白结合。要知道，一氧化碳和人体中的血红蛋白结合速度远远超过氧气和血红蛋白的结合速度，它的速度是氧气的230～270倍，简直快得惊人。

　　如果一个人吸入的气体中含有1‰一氧化碳，他的血液中就会有近一半的血

人逐渐缺氧，并出现中毒反应

嘿嘿，血红蛋白是我的，你走开吧！

被赶走的氧气

红蛋白和一氧化碳结合。抢占先机之后，一氧化碳就会占领地盘，把氧气挤出来，形成碳氧血红蛋白，使血液失去携带氧气到各部位去的能力。

你以为这场争夺战到这里就结束了吗？并没有，随着碳氧血红蛋白的增加，一氧化碳还会阻碍二氧化碳排出人体之外。这时，人就会出现中毒反应：头晕、四肢无力、恶心呕吐、手脚发凉，甚至心跳加快，昏迷不醒，如果不及时抢救，就会有生命危险。

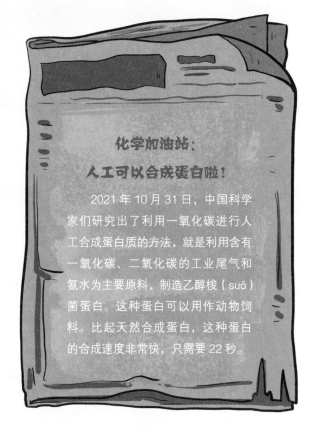

化学加油站：
人工可以合成蛋白啦！

2021年10月31日，中国科学家们研究出了利用一氧化碳进行人工合成蛋白质的方法，就是利用含有一氧化碳、二氧化碳的工业尾气和氨水为主要原料，制造乙醇梭（suō）菌蛋白。这种蛋白可以用作动物饲料。比起天然合成蛋白，这种蛋白的合成速度非常快，只需要22秒。

防护战

一氧化碳和氧气的争夺可致人中毒和死亡。作为人类，我们绝对不能坐以待毙，在日常生活中，需要有积极的应对措施。比如，在使用炉具的时候，应该保持通风透气；如果发现有人中毒，要马上打开门窗通风透气，并及时送往医院；安装一氧化碳报警器，随时检测一氧化碳的浓度；平时使用燃气灶也要保持通风，注意燃气因意外熄灭的情况；还要请燃气公司的专业人员不定期上门检查燃气管道的安全性。

其实，我们呼吸的空气中，一氧化碳的含量在逐年递增。这就对我们环境保护意识提出了更高的要求，比如，出门尽可能乘坐公共交通工具、使用新能源电动车，从而减少一氧化碳的排放量，保持空气的清新和身体的健康。

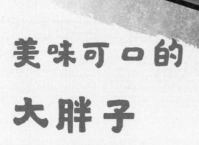

美味可口的
大胖子

面包，这种让人无法抗拒的美食简直就是神奇的存在。面包的种类繁多，味道迷人，长相也很好看，有人给它取了喜感十足的名字"柔软的胖子"。这种集长相和味道于一身的美食，究竟有着什么神奇的食材，里面又蕴含了什么化学反应呢？你一定很想了解吧！

睡了一觉

美味的面包，它的诞生却是因为一个阴错阳差的偶然。大概在公元

前 3000 年前的古埃及，一天晚上，一个奴隶正在炉子旁边烤饼，但是饼还没烤好，他就睡着了。就在他睡觉的时候，旁边的生面饼坯却在悄悄膨胀、变大。第二天当奴隶醒来把饼烤熟后，饼变得又松又软。这就是最早的面包。

古埃及人继续研究探索，最初用酸面团发酵（jiào），后来培养出酵母进行发酵，第一代职业面包师就此诞生。后来面包的制作方法被带到欧洲，面包成了欧洲人的主食。随着时间的推移，面包的种类越来越多，但是用于发酵面包的酵母却始终保留。面包是无意间睡着的奴隶偶然的创造，也是面团睡了一觉的产物，不是吗？

酵母的诞生

"酵母"这个词出自古希腊语，本意是"沸腾"。酵母是自然界中一种非常小的单细胞真菌，不过它却可以将面粉中的葡萄糖发酵成酒精和二氧化碳。二氧化碳气体向外扩散的时候，会使面团膨胀，这个过程就是发酵。我们能从发酵的面团中看到很多小孔就是因为二氧化碳的作用。但是酵母的使用，需要的条件比较苛刻。人们必须要提前培养酵母，并且为它保持一定的温度，使用起来很麻烦。

很快，发酵面包的发酵粉就诞生了。哈佛大学化学家埃本·霍斯福德通过研究，用磷酸钙、碳酸氢钠和玉米淀粉制作出干燥的发

活性干酵母的生产过程

干燥

农作物有机肥

离心分离

0℃~4℃运输面包工厂

加甘蔗糖、甜菜糖

300 吨

60 吨

10 吨

补料流加逐级培养

酵粉。他研究出的发酵粉让面包的制作更方便、快捷。发酵粉是一种复合添加剂，同样可以使面包蓬松，酵母粉中的碳酸氢钠被加热，同样会生成二氧化碳，所以，面团也会因此变得蓬松。这就是我们现在经常提到的泡打粉。如今，泡打粉是面包制作常用的膨松剂，它是化学成分的组合，相较而言活性干酵母更加健康。

活性干酵母

活性干酵母不仅对人体没有副作用，还是一种有益的发酵蓬松剂。用它发酵面包，是最理想的发酵方式。活性干酵母富含维生素和钙、铁等微量元素，蛋

包装超市

白质含量超过 50%。可见,活性干酵母除了有发酵的作用,还能为人们提供营养物质。

活性干酵母和化学发酵粉完全不同,是通过优选酵母菌种进行实验室培养,随后进入工业生产。通过补料流加的方式,对酵母菌种进行逐级培养,然后加入天然甘蔗(zhè)糖、甜菜糖等生产的糖蜜,使它具备旺盛的生长活性。接下来要把酵母菌逐量增加,发酵出 10 吨、60 吨直到 300 吨的酵母乳。发酵结束的酵母乳通过离心分离洗涤系统,被洗涤并和大部分水分分离。分离出的多余发酵液经过浓缩干燥成了农作物的有机肥,而留下的浓缩酵母乳冷藏运送到面包工厂成为生产面包的发酵酵母。浓缩的酵母乳经过干燥处理,变成活性干性酵母,经过真空或者充氮处理被送往超市,供人们烘焙面包,蒸馒头、包子等。

神奇的美拉德反应

酵母的加入,使得面包的体积膨大,不过却没有什么香味。可是面包明明很香呀,这又是怎么回事呢?原来呀,面包在被烘烤的过程中,发生了神奇的化学反应——美拉德反应。面包在高温环境中,糖类化合物和氨基酸化合物发生了一系列复杂的化学反应,这就是美拉德反应。美拉德反应还会伴随多种不同风味物质的释放和类黑色素的产生,所以面包会有焦黄色的漂亮颜色,这又被称为焦糖化反应。

化学加油站:
美拉德反应,无处不在

美拉德反应不仅存在于烤面包中,很多红烧、烧烤类食物都会发生这一神奇的化学反应,如烘烤咖啡豆、烤红薯等,很多食物烹饪(rèn)后的香味都离不开这种神奇的化学反应。

不得了，
苹果变丑了

和温度随时变色,是不是很酷呀?其实在水果界,也有"变色龙"。不用惊讶,就是苹果呀!很简单,将苹果摔几下,或者切开放一会儿,摔过的地方或者切开的位置就会变成褐(hè)色。唉,变什么颜色不好呢,偏偏变出这么难看的颜色。原本漂亮的苹果,怎么变起色来越变越丑了呢?

富含营养物质的苹果

苹果不仅好看好吃,营养价值也很高呢。它富含糖类、果胶、维生素、矿物质和类黄酮(tóng)等多酚(fēn)物质。咔嚓!咬一口下去,苹果甜甜的味道就充满口腔,可见它的含糖量不低呀。没错,每100克苹果中就有13.5克左右的糖,包括果糖、蔗糖和葡萄糖。别看它含有这么多糖分,其实它对糖尿病病人非常友好。因为苹果中的果胶可以帮助人体调节血糖水平,防止血糖突然升高;苹果中的另一种元素——铬(gè)能提高糖尿病病人对胰(yí)岛素的敏感力;苹果酸则负责帮忙稳定血糖。

苹果中的果胶属于可溶性纤维果胶,不仅能促进人体铅、汞(gǒng)等有害物质的排出,还能帮助人们解决便秘的问题。

热闹的苹果舞会

茄子!

苹果中含有维生素 B1、维生素 B2、维生素 C 等几乎所有人体代谢需要的维生素、矿物质和微量元素，如钙、磷、铁、铜、碘（diǎn）、锌、钾、锰（měng）、镁、硫等。就拿钙来说吧，苹果中的钙含量要比很多水果都高，它帮助人体补钙并代谢掉身体里多余的盐分。苹果中钾的含量也很高，只要吃一个小苹果，就能补充人体每天所需的 10% 的钾含量。

苹果的营养成分太丰富了，难怪被称为"全科医生"，大家都说"每天一个苹果，医生远离我"，看来确实如此哦！

原来是褐变反应

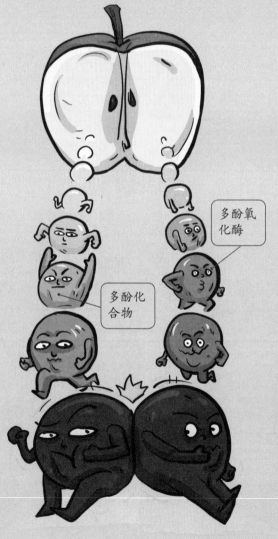

多酚氧化酶

多酚化合物

苹果不仅营养丰富，颜值也很高呢。因为苹果中富含类黄酮，苹果漂亮的颜色和香气就是缘自类黄酮的作用。它还能帮助苹果阻挡阳光暴晒等外界因素带来的伤害。不过，你发现没有，苹果被切开以后，如果放一会儿，果肉就会变色，先是发黄，时间长了还会变成深褐色。是什么让漂亮的苹果变丑了呢？

还记得文章最开始提到的多酚物质吗？苹果之所以变色，是由多酚化合物被氧化造成的。每 100 克苹果中就含有大约 200 毫克的多酚化合物。多酚物质和多酚氧化酶共同存在于苹果的细胞中。它们待在不同的细胞组织中，原本是友好邻邦，井水不犯河水。可当苹果被削皮或者被切开的时候，细胞组织破

裂，两种物质碰到了一起，就发生了褐变反应。如果苹果被磕（kē）碰受伤，磕碰过的地方也会变成褐色。

科学家为此还培育出一种不含多酚氧化酶的转基因苹果，这样就从根源上阻止了苹果的变色。但是生活中，用一些小妙招来阻止苹果变色也很好。比如，将切开的苹果浸泡在盐水中，阻止多酚物质和多酚氧化酶发生反应，就能防止苹果变色了。

化学加油站：

什么？苹果中居然也含有甲醛（quán）？

你以为只有家具才会释放甲醛吗？苹果里也有甲醛！每千克苹果中大概含有 20 毫克的甲醛。不过不必担心，甲醛是苹果中一种正常代谢成分。反倒是苹果籽，要小心哟——吃苹果籽有可能中毒！吃 10 克左右的苹果籽就会对人体造成危害。这是因为苹果籽中含有一种叫苦杏仁苷的物质。苦杏仁苷本身没有毒，但当它被体内的一种酶代谢分解后，就会产生氢氰（qíng）酸，从而让人中毒。

冤枉啊!
来自味精的哭诉

作为厨房的调味品，味精简直是受冤屈最大的了。有人说它不健康，有人说它会致癌，有人说它有毒。晶莹洁白的味精，突然身受污名，变成了"害人精"。难道不是吗？如何才能证明呢？嘿，学点儿化学知识，一切都会真相大白！

是谁冤枉了味精?

在为味精平反之前，我们先来了解一下味精受委屈的前因后果吧！味精的冤屈竟然来自 1968 年两个无聊的美国医生的赌约：能不能在《新英格兰医学杂志》上发表"谎言"文章。一个医生以"何文国"博士为名给《新英格兰医学杂志》寄了一封信。这位博士说他每次在中国餐厅吃饭就会感到肩颈麻木、心悸（jì）难受。他还推测，这是因为中国餐厅做菜使用大量味精导致的。一个半月后，这一杂志发表了 7 篇来自医生的文章，他们共同将矛头指向味精。

就这样，能为菜肴提鲜的味精一下变成了引发身体健康问题的"害人精"。到了 21 世纪，这一谎言又传到了中国。谣言愈演愈烈，还在本土发生了变化。

味精的前世今生

味精深受冤屈，要想帮它平反，我们还需要了解一下它的前世今生。盐是从海里来的，糖是从甘蔗中来的，那味精是从哪里来的呢？

如果告诉你，最早的味精是海的味道，你会很诧异吗？1908年的一天，日本的大学教授池田菊苗在吃饭的时候发现，妻子做的汤格外鲜美。原来，他的妻子在汤里放了海带。出于职业敏感，池田菊苗觉得海带里一定有什么特别的秘密。工夫不负有心人，经过大半年的研究，他终于从海带里提取出了使汤鲜美的化学元素——谷氨酸钠，并给它取名"味之素"。这就是最初的味精。

20世纪初，我国化学工程师吴蕴初经过反复研究，从"味之素"里发现了使食物鲜美的谷氨酸钠，并且最终从面筋中提取出同样的物质。

最开始，人们吃到的味精大多是用水解法从面筋或者大豆粕中提取出来的。随着科技的发展和进步，现在的味精都是用粮食，比如，小麦粉、玉米粉进行微生物发酵后，再用水解蛋白法提取、精制而成的。

看到这儿，是不是就松了一口气呢？毕竟，从食物中提取出来的东西，能坏到哪儿

> 加入味精的食物味道真鲜美啊！

> 最初的味精是从海带中提取出来的

去呢？不过，我们还是要用科学说话。

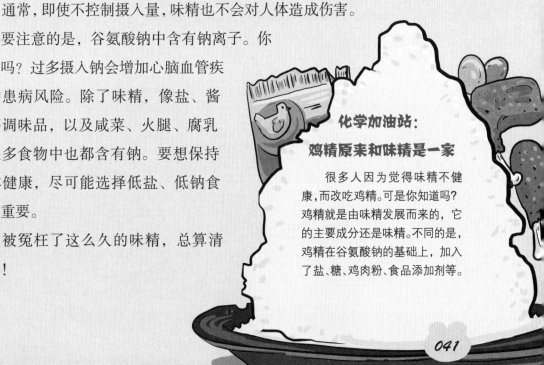

终于提取出谷氨酸钠了！

化学工程师吴蕴初

揭秘谷氨酸钠

要想知道味精是不是对身体有害，就要从它的成分谷氨酸钠入手。从来源上看，味精似乎并没有什么危害。谷氨酸钠是一种氨基酸的钠盐，最早由德国化学家从小麦麸（fū）中提取出来，后来日本化学家池田菊苗在海带中提取出谷氨酸钠。谷氨酸钠味道鲜美，用水稀释3000倍仍然有鲜味存在。谷氨酸钠虽然不是人体必需物质，但它在人体内生成的谷氨酸却是构成蛋白质的氨基酸之一，对脑神经和肝脏能起到保护作用。

通常，即使不控制摄入量，味精也不会对人体造成伤害。但需要注意的是，谷氨酸钠中含有钠离子。你知道吗？过多摄入钠会增加心脑血管疾病的患病风险。除了味精，像盐、酱油等调味品，以及咸菜、火腿、腐乳等很多食物中也都含有钠。要想保持身体健康，尽可能选择低盐、低钠食物很重要。

被冤枉了这么久的味精，总算清白了！

化学加油站：
鸡精原来和味精是一家

很多人因为觉得味精不健康，而改吃鸡精。可是你知道吗？鸡精就是由味精发展而来的，它的主要成分还是味精。不同的是，鸡精在谷氨酸钠的基础上，加入了盐、糖、鸡肉粉、食品添加剂等。

可可树的果实
——可可果

解密
巧克力的强大能量

啊，简直太好吃了！这就是巧克力的魅力。当你放一块巧克力到嘴里，感觉整个人都变得快乐起来。你会感受到巧克力在嘴里慢慢融化，变得又软又滑，香气溢满整个口腔，甜甜的味道中带着一点特别的苦味儿。巧克力呀巧克力，你怎么这么让人着迷呢？

成熟的
可可豆

发酵好的
可可豆

烘干后的
可可豆

巧克力从哪儿来？

你喜欢吃的巧克力是从哪儿来的呢？告诉你吧，巧克力是从树上来的！哦，千万别误会，可不是把巧克力直接从树上摘下来，再运到超市这么简单！

巧克力的诞生是一个漫长的过程。在热带雨林生长着一种可可树，它的果实可可果就是制作巧克力的原材料。从成熟的可可果中取出可可豆，放在不高于50℃的干燥环境中发酵5～7天。巧克力浓郁的香味离不开发酵。当果荚（jiá）被剥开，可可豆紧紧地被包裹在果肉中。在高温和酵母菌的作用下，果肉中高浓度的水、糖、酸在接触空气和外界后，柠檬酸、葡萄糖和其他碳水化合物转化为乳酸、醋酸等酸性物质，同时杀死细菌、激活酵素。经过发酵后的可可豆失去生命力，颜色变成赤褐色，但是已经有了巧克力的味道。

发酵后的可可豆被放进烘干机里烘干或者在太阳下晒干，去掉虫咬、变质或者品质不好的可可豆。筛选以后的可可豆会被清洗、脱壳、烘焙，这个过程直接影响了巧克力的品质和风味。留下的果仁被压碎、研磨，在机器的高速摩擦下，可可豆的粉末会慢慢变成可可液。经过反复的冷却、加热、再冷却、再加热的过程，可可液会越来越浓稠（chóu）顺滑。如果将可可液直接放进模具中进行凝结，什么辅料都不添加，那就是100%的纯黑巧克力。这应该是最顶级的巧克力了。

白巧克力从哪儿来？

实际上，我们平时吃的巧克力中还添加了糖、奶粉、乳糖、香料及坚果等其他成分。而添加了这些成分，巧克力才会有甜甜的味道。也许你会问，白色巧克力是怎么来的呢？回答这个问题还得从可可豆说起。

可可豆中含有丰富的物质，如蛋白质、纤维、可可碱、咖啡碱、磷酸钾、维生素等，不过这些加起来的含量都没有可可脂的含量高。可可豆中 51.75% 的成分是可可脂。

可可脂又叫可可白脱，是一种乳黄色植物硬脂，在常温下坚硬又容易碎裂。可可脂中含有多种不饱和脂肪酸和甘油，形成甘油三酸脂。它的熔点很低，29℃~35℃就能熔化，这也是为什么我们吃巧克力的时候，会入口即化，并且有着顺滑绵软的口感。可可脂从可可液中被提炼出来，作为制作巧克力的单独添加成分，脱脂后剩下的可可豆饼被研磨以后，就是可可粉。白巧克力恰恰只添加了可可脂，而没有添加可可粉，所以是白色。

巧克力的强大能量

巧克力中含有咖啡因、可可碱、色氨基酸、苯乙胺（àn）等化合物，这都是令人愉悦的化学物质。

人类大脑中的神经细胞会利用色氨基酸制造神经传递物质——血清素。血清素的增加，能够提高传递感觉信息的能力和促使人产生情感变化。而咖啡因会刺激大脑中枢神经，让人心情愉悦。咖啡因在巧克力中的含量虽然不及咖啡那么高，但是含量也并不少，每30克巧克力中就有20毫克的咖啡因。可可碱算得上咖啡因的远亲了，它有扩张血管和利尿的作用，能促进脑内啡的分泌，刺激大脑皮质，提高人的思考能力。巧克力中

巧克力能让人心情愉悦

可可碱的含量非常高，是咖啡因含量的 7 倍。

除了能使人心情愉悦，巧克力还可以缓解疲劳。这一功能得益于糖分。当你感到疲惫时，吃一块巧克力，巧克力中的糖分会使血糖迅速恢复正常，疲劳感就减轻了。不过100克巧克力能产生不低于530 千卡的能量，如此高的热量很容易引起肥胖哟。

化学加油站：
预防心脏病的天然卫士

你知道吗？巧克力还是预防心脏病的天然卫士，因为巧克力中丰富的多源苯酚复合物可以阻止脂肪性物质在人体动脉中氧化和聚集，当人吃了巧克力以后，苯酚复合物会被血管迅速吸收，增加血液中的抗氧化物。

咕嘟咕嘟！
可乐为什么会让人感到凉爽？

咕嘟咕嘟！在炎热的夏天里，喝上一杯可乐，简直太爽了。当你打开可乐瓶，嗞的一声，先是一股气从瓶里冲出，接着有很多小气泡发出嘶嘶的声响。喝一口，凉凉爽爽，甚至还会打嗝，简直就是神奇的饮料。可乐是碳酸饮料，里面含有二氧化碳，难道是它在搞鬼？

原来是二氧化碳

二氧化碳由一个碳原子和两个氧原子组成，是一种碳氧化合物。它易溶于水，和水反应生成碳酸。可乐中刚好含有二氧化碳和水，难怪被称为碳酸饮料呢。那为什么喝可乐会感到凉爽呢？这是因为当二氧化碳随着饮料进入人体中，在常温常压下，二氧化碳由液体恢复成气体的状态。二氧化碳在变成气体的时候，会带走人体中的热量，所以

嗝~~

打了一个爽快的嗝

喝了可乐以后，会觉得凉爽。不过，当喝下的可乐越来越多时，人就会腹胀，甚至打嗝。打嗝是排出二氧化碳气体的一种方式。

站住，别跑

咦？二氧化碳不是气体吗，它是怎么溶进可乐中的呢？很简单，二氧化碳有溶于水的特性，压力越大，被水溶解得越多。所以在制作可乐时，只要在高压的环境下，将二氧化碳灌入瓶中就可以了。这就是为什么当瓶盖打开时，会有一股气从瓶中冲出，并且会产生很多小气泡。因为瓶盖打开的刹那，瓶中的压力减小，二氧化碳马上由液体变成气体。另外，温度对二氧化碳也有影响。温度越低，溶入水中的二氧化碳就越多，当温度升高，二氧化碳马上就会恢复气体的状态。

也许你已经发现，如果打开的可乐没有马上被喝掉，过一段时间，气泡就会消失，凉爽的感觉也没有了，可乐变得像普通的饮料一样。随着压力的减小和温度的升高，二氧化碳早就化成气体，像脱缰（jiāng）的野马一样跑得无影无踪了！

啊？变成固体也能跑？

一不留神就跑掉的二氧化碳变成液体后也不安分，那把它变成固体就一定老实了吧？将二氧化碳气体进行增压到6000多帕，固体二氧化碳——干冰就形成了。干冰的温度非常低，大概

变成白色烟雾逃跑的干冰

在 -78.5℃左右。千万不要用手直接碰触干冰，否则会立刻被冻伤。你以为这样干冰就跑不了了吗？拿一块干冰出来，马上就有白色烟雾升起，周围空气也会变凉，过不了多久，干冰就没有了踪影。唉！还是跑掉了！

多不得，也少不得

空气的严重污染、温室效应的加剧，二氧化碳气体是罪魁祸首之一。看似危害人类的二氧化碳其实是大气中固有的气体。大气中二氧化碳的含量虽然只有0.03%，但是却对人类起到了至关重要的作用。人类和动植物的生存无法离开二氧化碳。人类和动物在呼吸的时候吸进氧气，排出二氧化碳；排出的二氧化碳供给植物呼吸。植物吸收的二氧化碳气体和根部汲取的水分结合，转化成了人类和动物需要的葡萄糖，这就是光合作用。另外植物在呼吸的时候还会排出氧气，这又恰好是人类和动物所需要的气体。植物生成葡萄糖以后，还会转化成淀粉、纤维素，含这两种物质的草类可是食草动物的美食。当然了，人类也需要它们，比如，人类经常食用的土豆、红薯、玉米中就含有丰富的淀粉和纤维素。

化学加油站：

什么？缺二氧化碳也会中毒？

二氧化碳对人体本身也十分重要，它对于平衡人体酸碱度起到重要作用。大概你会有这样的体会，在冬天，当你待在密闭的房间太久就会觉得憋闷头昏，一走到室外，就会立刻觉得神清气爽。这是因为屋里的空气中二氧化碳的气体过多，人体出现呼吸性酸中毒。不过二氧化碳气体也不能太少，当你紧张、激动或者刚跑完步的时候，会出现心慌气短或者手脚抽搐（chù）的状况，这就是因为过快的呼吸使得体内二氧化碳过分排出，引发呼吸性碱中毒。可见，人体里的二氧化碳是多不得也少不得呀！

赶紧用纸袋罩在嘴上呼吸，补充点二氧化碳。

好酸!
醋是怎么酿造出来的?

　　好酸,好酸呀!醋几乎是每个家庭厨房必备的调味品,它能增加食物的风味和口感。但是你研究过它吗?醋是怎么酿造出来的,有什么化学成分?它又为什么叫"醋"呢?好奇心是开启学习之旅的重要条件。带着满心的好奇,让我们一起探索一下醋的世界吧!

嗯,酸!好醋!

杜康的儿子黑塔

醋是谁发明的?

　　醋是烹饪中重要的调味品。不同的国家,酿醋的材料不同。比如,西方国家喜欢用水果酿醋,而我国更多使用粮食酿醋。我国是世界上最早用粮食酿醋的国家,最早有关醋的文字记载是公元前8世纪。到了春秋战国，已经有专门酿醋的醋坊了。

在我国，它的命名和由来也有一个有趣的故事呢。"杜康造酒，儿酿醋"，是说醋是杜康的儿子黑塔发明的。相传，黑塔跟着父亲杜康酿酒，他觉得酒糟扔掉实在可惜，于是就浸泡在缸里存放起来。过了21天，当黑塔打开存放酒糟的缸，黝黑透明的液体散发着酸味，尝一尝，酸中带香，非常美味。因为是在酉时开的缸，又存放了21天，于是命名为"醋"。

醋里都有什么？

醋的主要成分是醋酸，又叫乙酸。

化学加油站：
关于醋的生活小妙招

1. 在砧（zhēn）板、刷碗布上加入醋，可以去除里面的细菌。

2. 如果炒菜太咸，加一点儿醋，咸味就会减淡。

3. 在花瓶的水中加入醋，可以让鲜花保持更长时间。

4. 洗袜子时加入少量醋，不仅可以杀菌，还能除臭。

5. 煮海带时加入食醋，海带更容易软烂。

粮食在经过蒸煮、糊化、液化和糖化以后，里面的淀粉会转化成糖，经过酵母的发酵后产生酒精，酒精在醋酸菌的作用下再次发酵，氧化成了带有酸味的醋酸。这下，我们就明白为什么黑塔用酒糟酿成了醋，因为酒糟中含有酒精，而醋就是从酒精转变而来的。酿造醋中不仅含有醋酸，还有葡萄酸、柠檬酸等酸性物质，以及蛋白质、维生素、镁、磷、钾、钙、锌、铜、硒等多种矿物质和微量元素。这既能满足人们的味蕾需求，还能为身体补充营养物质呢。如今，科技的发展已经让人们能够利用乙醇和醋酸制造合成的化学醋了。

小小食醋大作用

醋中的柠檬酸可以促进人体能量再生，缓解人体疲劳的状态。醋能刺激胃酸的分泌，起到开胃助消化的作用。在古代中医药典籍《本草纲目》《伤寒论》等中，也有很多关于醋的药用记载。它能消肿止痛，活血化瘀；

醋可以用来腌制食品

拌料

蒸料

摊凉

和花生搭配服用，对高血压、高血脂疾病的控制很有帮助。

醋还能使皮肤角质脱落，使皮肤变得光滑，是很好的美容产品。但是必须把醋进行稀释，如果直接涂抹皮肤，可能会使皮肤脱皮。

醋的另外一大功效是杀菌。你会发现，人们在做腌制食物时，比如腌黄瓜，经常会加入醋。醋不仅能使腌黄瓜味道独特，还能阻碍细菌的生长，让腌黄瓜保存更长的时间。醋中富含的酸性物质，能使细菌的蛋白质变质，从而起到抑制细菌活性的作用。

当然，醋最大的作用就是烹饪美食。它不仅能增香去辣，催熟引甜，还能去除腥膻（shān）味。醋中的酸性物质和碱性物质还会发生中和反应，从而去除异味。

成品醋

淋醋

发酵

熏焙

食品袋中的防腐保鲜卫士
——脱氧剂

你一定发现了，从超市买回来的很多食品包装袋中都会有小包装袋，上面写着"脱氧剂"或者"脱氧保鲜剂"。这里面是什么东西？为什么要放在食品包装袋里？它会不会有毒呢？今天，我们就来一起揭秘食品包装袋中的脱氧剂，看看它到底是什么。

脱氧剂是什么？

从食品袋中取出一袋脱氧剂，打开一看，黑黑的。此时的你心中一定有成串的问号：这是什么呀？能吃吗？有毒吗？答案是：它是脱氧剂，它不可以吃，但是也不用担心它有毒。

脱氧剂又叫脱酸素剂、吸氧剂，它是一种化学混合物，把它装在密封的食品包装袋中，能去除袋中的氧气，防止食品因为氧化而变色、变质和油脂发生氧化反应而酸败，并且还能抑制霉菌、细菌的生长繁殖（zhí）。通俗地说，脱氧剂可以让食品保持新鲜的时间更久。只要留心观察，你会发现，平时买的好吃的，不论是糕点、熟食肉干、油炸食品、干制海鲜、干制蔬菜，还是糖果、干酪，都会有脱氧剂的身影。如月饼、绿豆糕、瑞士卷、牛肉干、火腿、花生、瓜子、红薯干等，这些包装中大多使用的是铁系脱氧剂。因为它安全性高、效果好，成本还低。

脱氧剂卫士们可以除去氧气，防止食品氧化

强大的保鲜功能

我们都知道，在有氧条件下，食物很容易腐烂，因为很多好氧细菌和氧气接触都会发生化学反应，从而变质。比如，糕点中的油脂和空气中的氧气结合，时间久了，就会产生一股"哈喇子"味儿。这就是油脂发生氧化反应酸败，产生了酸、醛、酮类和氧化物。所以，去除包装中的氧气非常重要。脱氧剂可以在短时间内去除密闭容器中的氧气，使食品处于无氧状态，阻止了细菌、霉菌的生长，阻断了油脂氧化的条件，为食品长时间保持新鲜提供有利环境。食品中常用的脱氧剂主要是铁系脱氧剂，主要成分是还原铁粉，1克铁粉就能和300毫升的氧气发生化学反应，功能非常强大。所以，食品包装中的脱氧剂通常只有一个很小的包装，但是它却能使包装内的氧气浓度降低到0.01%。铁粉在水蒸气的作用下，和氧气发生氧化反应，生成氢氧化铁。此外还有活性炭、硅藻土、氯化钠、蛭（zhì）石等成分来辅助铁粉的脱氧效果，使食品更好地保鲜。提醒你，这些成分虽然无毒，但是也不能吃哟！

多种多样的保鲜方式

保鲜的方式可不仅仅是使用铁系脱氧剂，如红葡萄酒就是用亚硫酸盐保鲜的。亚硫酸盐会缓缓释放出二氧化硫，这就是红葡萄酒的成分上

化学加油站：

脱氧剂的远房亲戚——干燥剂

除了脱氧剂，食品包装中最常见的就是干燥剂。干燥剂可以降低食品包装中的湿度，这样食物就不容易变潮、腐坏了。但干燥剂也有危险性，比如生石灰干燥剂遇水会发生化学反应，生成氢氧化钙。这个化学反应会放热，严重的还会发生爆炸，小朋友千万不要食用哟，否则很容易引起口腔和肠胃的灼伤。

红酒中的二氧化硫分子

会写二氧化硫的原因。而植物油通常会充氮气来保鲜，薯片、虾条、蛋糕等包装鼓鼓的食品也是用充氮的方式保鲜的。氮气是一种惰性气体，常温下很难和气体物质发生化学反应，用它置换包装中的氧气，就可以很好地保持食物的新鲜了。除了亚硫酸盐和氮气，还有一种真空保鲜的方式，比如，大米、小米等谷物，以及干枣、新鲜玉米、熟肉等都是用真空的方式来保鲜的。食物中的空气被抽走，隔绝了氧气，从而起到保鲜的作用。

哈哈，红酒可离不开我！

别装了，没有氧气我们活得更久。

呼吸不到氧气，我要窒息了！

真空包装保鲜

有趣，
为什么萤火虫会发光?

每当夜幕降临，璀璨（càn）的灯火标识出人类的地盘，萤火虫却因此面临困境。人类的灯光比萤火虫的荧光强 300 倍，这对萤火虫来说，无论是求偶、传递信息还是发出警报，都有很大干扰。无奈，它们只好退避到更为黑暗的地方。

自带"灯泡"的萤火虫

萤火虫的发光原理

萤火虫可能是世界上最著名的生物发光物种了。每到夏天的夜晚，树林里

雌萤火虫的3节发光器

就会闪烁着漂亮的荧光，简直太奇特了。萤火虫居然会发光，它们是白天提前充电了吗？

当然不是了。萤火虫既没有充电器，也没有充电线，更不需人类发明的电，当然不会充电了。萤火虫自带"灯泡"，也就是发光器。它的发光过程是一个有趣的化学反应，这种类型被称为生物发光。

发光器长在萤火虫腹部的末端，雄性萤火虫有2节发光器，雌性萤火虫有1～3节发光器。萤火虫的发光器由上千个特殊的发光细胞组成，周围还分布着小神经和小气管。萤火虫的发光器中有一种荧光素和一种叫荧光素酶的催化剂。

萤火虫没有肺器官，而是通过发光器周围的小气管呼吸。呼吸时，氧气连续不断地进入发光器中，在荧光素酶的催化下，和荧光素发生氧化反应，生成氧化荧光素并发出光芒。萤火虫发出的光被称为荧光。

萤火虫通过向体内发光所需的化学物质中不断添加氧气来控制发光。如果你因为好奇而试图捉一只荧光闪闪的萤火虫，那等你拿到手，萤火虫一定是不发光的。这是因为萤火虫受到惊吓，关闭了发光器。不仅如此，捕捉萤火虫会加速它的死亡。原本萤火虫的寿命就很短暂，寿命长的能活两周，寿命短的只有一天时间，所以一定要手下留情哟！

被吓到的萤火虫

世界上最高效的灯光

我们知道，人工照明是需要电能的，那萤火虫发光需要能量吗？萤火虫发光需要的能量很少，一只成虫萤火虫只吃一点儿露水就可以补充很多能量。既使没有新能量的补充，幼虫期储备的能量除了自身移动，也能保证整个求偶期间的发光。可见，它们的发光器官是多么的高效率！

人工发光的白炽灯，只有10%的能量转化成光能，而另外90%的能量转化成了热能，这就是为什么灯泡亮久了会发烫。萤火虫则不同，萤火虫的发光器是世界上最高效的灯了，它们可以将绝大多数能量转化成光能。在完美的状态下，萤火虫能够将100%的能量以光的形式发射出去。由于萤火虫发光时几乎不发热，科学家将它们发出的光称为"冷光"。

那它们的能量来自哪里呢？科学家取10只萤火虫的发光细胞，待其干燥后研磨成粉，等量放入三支试管中，加入蒸馏水后，发光细胞开始发光，15分钟后荧光熄灭。科学家又向三支试管中分别加入2毫升葡萄糖溶液、2毫升三磷酸腺苷（ATP）和2毫升蒸馏水，结果发现只有加入三磷酸腺苷试剂的发光细胞会再次发光。可见三磷酸腺苷是萤火虫发光的直接能源物质。其实不仅萤火虫体内含有三磷酸腺苷，地球上所有生物都含有三磷酸腺苷这种化学物质。三磷酸腺苷是一种高能磷酸化合

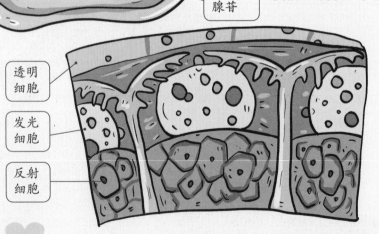

荧光素酶

氧气分子

荧光素

三磷酸腺苷

透明细胞

发光细胞

反射细胞

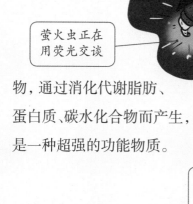

真黑呀。

萤火虫正在
用荧光交谈

物，通过消化代谢脂肪、
蛋白质、碳水化合物而产生，
是一种超强的功能物质。

萤火虫正在发
出求偶信号

酷炫的"灯语"

萤火虫有 2000 多种不同的种类，发光器作为萤火虫最重
要的器官，到底扮演了怎样的重要角色呢？漂亮的荧光在我们看
来非常美妙、奇特，但是对萤火虫来说却是一种独特的语言交流工具：有
的是跟同伴间互相联系，有的是向同伴发出附近有敌人的警告，有的是
为吸引异性。通常雄性萤火虫会飞在空中，雌性萤火虫会在树上、灌木
和草丛中等待。当雌性萤火虫发现具有吸引
力的雄性萤火虫时，就会立刻通过
发光器发出信号。

不同种类的萤火虫
发光颜色和频率都不
相同。比如，窗萤持
续发黄绿色的光，黄
缘萤则发出闪烁的黄
色光、边褐端黑萤发
出高频率的橙黄色
光。而且每一个种类
的萤火虫的荧光闪烁
都有特定的节奏，这
就是萤火虫酷炫的
"灯语"。

化学加油站：

有趣的荧光树

科学家利用萤火虫的发光原理，将
荧光素酶基因导入植物后，再用荧光素浇
灌植物，这种转基因的植物就会在黑暗中
发光，从而培育出一种能发光的荧光树。

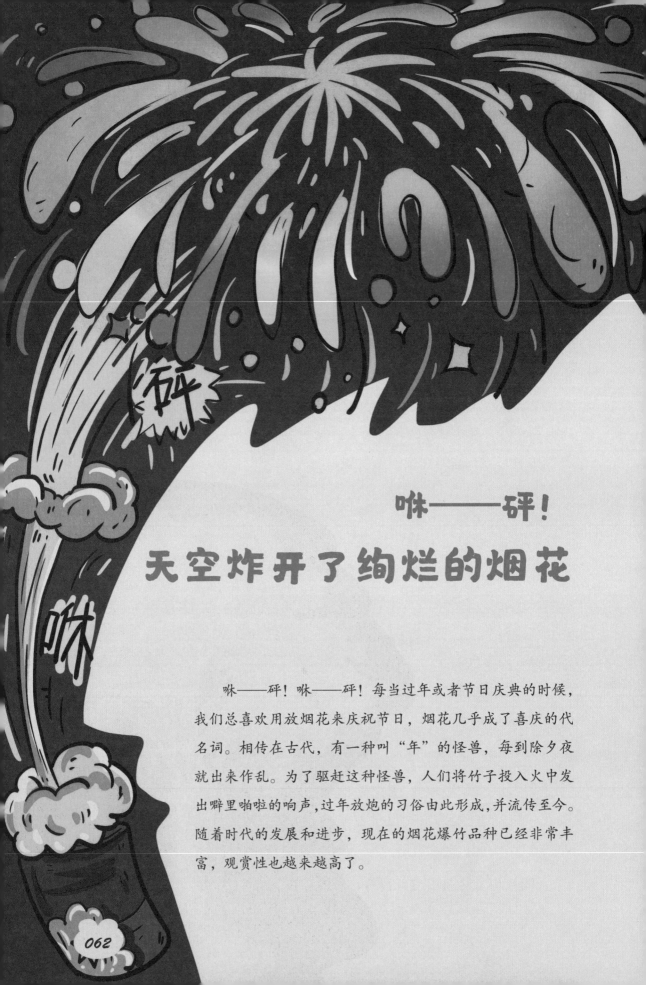

咻——砰！
天空炸开了绚烂的烟花

咻——砰！咻——砰！每当过年或者节日庆典的时候，我们总喜欢用放烟花来庆祝节日，烟花几乎成了喜庆的代名词。相传在古代，有一种叫"年"的怪兽，每到除夕夜就出来作乱。为了驱赶这种怪兽，人们将竹子投入火中发出噼里啪啦的响声，过年放炮的习俗由此形成，并流传至今。随着时代的发展和进步，现在的烟花爆竹品种已经非常丰富，观赏性也越来越高了。

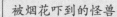
被烟花吓到的怪兽

劈里啪啦的,是啥东西?！

烟花的历史故事

　　烟花是从鞭炮发展而来的。相传唐朝时期,在湖南浏阳有一个叫刘畋(tián)的人,将硝装入竹筒,并用引线点燃来驱除瘟(wēn)疫,炮竹由此流传开来。刘畋也因此被封为花炮始祖,至今被供奉。可是据史料记载,刘畋并不是唐朝人,而是宋朝人。虽然真相难以考证,但放烟花炮竹的习俗流传至今,成了我国特有的文化习俗。随着社会的进步和科学技术的发展,如今的烟花,制作得越来越漂亮绚烂啦。烟花爆竹已经由最初的只能听声,发展到了今天既能听声也能观赏的形态了。

烟花的成分和工作原理

　　点燃引线,烟花升入空中并立刻发生爆炸,随着爆炸声的传出,漂亮的烟花造型就呈现在我们眼前了。哇,是天女散花了吗?当然不是了!其实,漂亮的烟花来自神奇的化学反应。

　　这一切都要从烟花里的黑火药说起。黑火药里面包含推进剂、发光剂、发色剂、养护

剂、黏合剂、爆炸物等化学物质，这些物质是烟花发射、升空、爆炸和漂亮造型出现的原因。

烟花的结构有两部分：一部分是黑火药推进剂，它负责把烟花送到天空；另一部分是炸药，它负责空中漂亮的烟花效果。这两部分装置中都装有黑火药，只是分工不同而已。

当人点燃引信，推进剂会迅速燃烧，将烟花装置推送到高空中。烟花内部的导火线随即燃烧，并将烟花装置中心的炸药引燃，爆炸产生的瞬间，炸药将燃烧的烟花弹丸推向空中，漂亮的烟花就出现在我们眼前了。

负责炸开漂亮烟花的炸药装置由硫黄、硝酸钾和木炭进行合理配比组成，其中硝酸钾扮演氧化膨胀剂的角色。可以使黑火药具有推进能力的，除了硝酸钾，还有氯酸盐和高氯酸盐，它们是烟花更高、更大、更明亮的关键因素。

装有发光剂、发色剂和黑火药的炸药

内部引信　黑火药推进剂　点燃的引信

绚烂的颜色

当烟花炸开，出现各种造型，天空就被五颜六色的光芒照亮。每一种漂亮的烟花背后，都有一个专属的名字，如牡丹、菊花、蒲公英、心形和平鸽、龙飞凤舞、大鹏腾空等。还有图案烟花和字母烟花，如2008年奥运会开幕现场的脚丫烟花，新中国成立70周年庆典中的数字烟花"70"、和平鸽烟花、笑脸烟花等。五颜六色、形态各异的烟花背后蕴藏着很多化学知识。

化学加油站：
美丽的烟花，严重的污染

烟花虽然美丽，但是污染很大。黑火药中的木炭、硫黄以及各类金属盐在爆炸燃烧时，会产生二氧化氮、一氧化碳、二氧化碳、二氧化硫和各类金属化合物，给大气造成严重的污染，影响我们赖以生存的环境，这就是国家发布烟花禁令的原因。

黑火药炸药中的发光剂和发色剂会产生一系列焰色反应，这是烟花五颜六色的真正原因。

发光剂由铝粉或者镁粉组成，它们燃烧时会发出白色的光芒。而发色剂可以说是整个烟花的灵魂了，五彩缤纷的颜色全靠发色剂。这些发色剂其实就是普通的金属盐，例如，燃烧时，硝酸锶（sī）会产生红色光，硝酸钠和碳酸氢钠会产生黄色光，硫酸钾会产生紫色光，硝酸钡（bèi）会产生绿色光，硫酸铜和硝酸铜会产生蓝光。为使焰火爆破，发光剂与发色剂充分燃烧，焰火圆球里还装有燃烧剂。

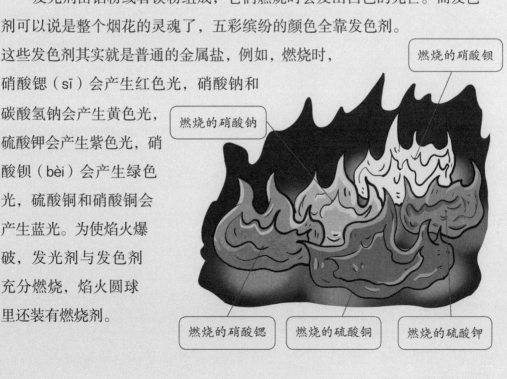

燃烧的硝酸钡

燃烧的硝酸钠

燃烧的硝酸锶　燃烧的硫酸铜　燃烧的硫酸钾

水是生命的源泉

不能成为好朋友的
水和油

我们都知道"水火不容"，如果给一团燃烧的火焰浇上一盆水，火很快就被熄灭。但是，你知道吗，水和油也不能做朋友。它们为什么不能成为朋友呢？要揭秘油和水的恩怨，还要从它们的化学特性说起。

好好先生——水

水简直是一个好好先生。它是生命的源泉。人的身体中约有70%是水，地球表面约有71%被水覆盖。动植物的生长和人类的生存都离不开水。

因为水分子的正负电荷分布在两个氢原子和一个氧原子上，电荷中心没有重合，并且没有完全相互抵消，所以形成了水分子极性的特性。这一特性使得水有很好的融合性，是很好的溶剂。也就是说水可以和很多物质进行溶合，如盐、面粉、糖、醋等；它还能和氢气、氧气、氮气、二氧化碳等气体相溶呢；它可以渗入土地，可以被植物吸收。奇怪的是，如此友好的水先生跟油却不能相溶。它们之间难道有什么仇怨吗？

成人身体中水的含量约为65%

年龄越小，体内水的比重越大

揭秘油先生

横冲直撞的油分子

靠边靠边！别挡道！

被挤开的水分子

在揭秘它们之间的矛盾之前，我们先来认识一下油。你听说过"油水"这个词吗？其实呀，"油"字本来就是水名的专称，其性光润且富有流动性。后来，随着植物油的出现，"油"字的意义才发生了变化，慢慢成了植物油、动物油和其他油类的专用称呼。油里有一种叫甘油酯的成分，分子结构和脂类物质结构很像，属于脂溶性分子。所谓的脂溶性，就是说可以和脂类物质相溶，如人体中的脂肪酸、胆固醇都是脂溶性物质。

脂溶性物质的最大特点就是很难溶于水中。正是因为水和

化学加油站：

为什么水会在热油锅里炸开？

常温常压下，水的沸点是99.974℃，而植物油的沸点通常要在200℃以上。当油锅里的油温超过100℃，将水或者带有水珠的蔬菜放入锅里，高温下，水会迅速沸腾，体积膨大成1700倍的水蒸气，所以才会飞溅。

油的特性不同，所以它们才不能相溶。油的表面张力比较小，而水由于呈负荷电，所以表面张力比较大。当油接近水时，油就会被水中的氢原子和氧原子排斥，所以油和水不能相互溶合。即便你用力搅拌，等过一会儿，它们又会分开了。唉，想必油先生一定很苦恼吧。

不仅如此，油的密度小，水的密度大，同样体积的油和水，油更轻，所以油会漂浮在水面上，这也是为什么菜汁儿上面会覆着油花了。

不过，化学中说的不相溶是说溶解度小于一个指标，并非100%不相溶。虽然比率非常小，但是油的表面还是含有一点儿水的。

神奇的洗洁精

油和水不相溶，刷菜盘子是个大麻烦。别担心，没有化学解决不了的难题。聪明的人类发明了洗洁精。洗洁精中含有大量除油的乳化剂，它有两种性质不同的基团，亲水基团和亲油性非极性基团。亲油基团能把一个个的油分子包裹起来，降低油分子的附着力，并均匀地分散在水中。而亲水基团则可以紧密地将水分子吸附，让水和油混合。这个过程叫乳化过程。

洗洁精可以让油分散到水中

噗！为什么
臭屁不响，响屁不臭？

"噗——""谁在放屁？哈哈哈哈！"真尴尬！真倒霉！只是放了一个不臭的屁，怎么这么大的声音！真想找个地缝钻进去。哼，太不公平了！上一次，明明有人放了一个臭气熏天的屁，却怎么也找不到"真凶"。真是应了那句"臭屁不响，响屁不臭"的话。唉！真烦人！

屁是怎么产生的？

放屁的确是一件令人很尴尬的事情，却是人体正常的生理现象。一个正常人每天都会放十多个屁。屁是人体内产生的废气通过肛门排出体外的一种生理现象。我们吃的食物中，会有一些没有消化掉的残渣。这些食物残渣转移到大肠中，在大肠中的细菌分解作用下，便产生了气体。另外，人体呼吸时吸入的空气也会有少量进入大肠，最终以"屁"的形式排出体外。这些气体在大肠中堆积在一起，随着压力的增强，就会全部冲出体外。

人在放屁时，有的有响声，有

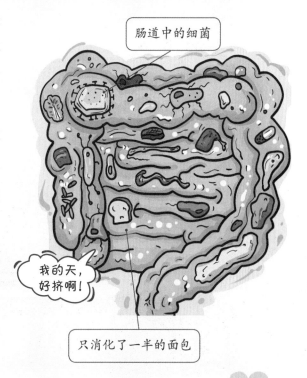

肠道中的细菌

我的天，
好挤啊！

只消化了一半的面包

的没有；有的响声大，有的响声小。这是多种因素共同影响的结果，比如，废气量的多少、肠道中压强的大小以及我们吃进去的食物的类型都会影响屁的声音，但是更多的原因是屁的化学成分有所不同。

关于屁的研究

屁也有人研究？听起来很无聊，但这对宇航员来说却很重要。如果宇航员在飞船中放屁，可能会引起燃烧或者爆炸，后果一定是毁灭性的。因为屁里有大量的氢气，甚至还会有甲烷（wán），这些都是会燃烧的气体！有科学家研究发现，在受测试者放的屁中，有的氢气含量居然超过 0.5 升，真是令人难以想象！据说，美国宇航局曾经为了找到"屁会不会影响宇宙飞船的运转"的答案，对屁进行了大量研究，并找到能减少放屁的食物。

包含二氧化碳、氮气、氢气、甲烷、硫化氢等气体

狂吃面食和肉类，放的屁一定又响又臭。

臭屁不响，响屁不臭

那屁里究竟都有什么呢？这其实是一个化学课题。科学家们从健康的人群中搜集了屁，研究发现，每个人屁里的成分是有差别的。有的屁二氧化碳的含

量最多，有的屁氢气占比最大，还有的屁氮气占比最大。屁的成分多种多样，里面的气体超过 400 种，而且 99% 的气体其实是没有味道的，比如，氮气、氢气、二氧化碳、甲烷，还有氧气，剩下的 1% 的气体才是决定屁有多臭的真正因素，如硫化氢、粪臭素、氨气和吲哚（yǐn duǒ）。

当人吃富含碳水化合物的食物时，如米饭和面条等，经过胃肠道的消化，会产生大量的二氧化碳、氢等气体。这些气体在肠道堆积，在气压的作用下排出人体，就会发出响声。气压越大，气体越多，响声就会越大。不过这些气体中产生臭味的成分很少，所以几乎没有味道。

如果人吃了蛋白质含量较高的食物，不能被完全吸收的蛋白质在肠道里细菌的作用下就会腐化，从而产生硫化氢、粪臭素等化合物。这些物质虽然量少，但是其臭味却是不可忽视的呀！由于这类屁中的二氧化碳等气体含量少，通常没什么响声。

那如果同时吃了含碳水化合物的食物和蛋白质含量高的食物，放出来的屁会怎样呢？还用说，自然是又臭又响了！

憋屁的危害

虽然放屁是人的正常生理现象，但毕竟是一件令人极为尴尬的事，不如……憋回去吧！可千万不要这样做。如果肠道内的气体不排出，会引起腹痛等不适。而且，要是一直憋着，屁中的化学气体就会被肠道黏膜吸收，如氨气，它会自由扩散到肠壁，在血液循环的条件下，传送到身体的其他部位，最终从肺和肾脏中排出，无形中加重了身体器官的负担。

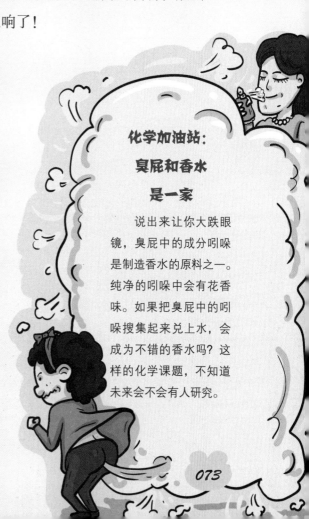

化学加油站：臭屁和香水是一家

说出来让你大跌眼镜，臭屁中的成分吲哚是制造香水的原料之一。纯净的吲哚中会有花香味。如果把臭屁中的吲哚搜集起来兑上水，会成为不错的香水吗？这样的化学课题，不知道未来会不会有人研究。

五颜六色的
霓虹灯

如果说化妆品是妈妈的美容神器，那霓（ní）虹灯就是城市的美容神器了。每当夜幕降临，五颜六色的霓虹灯亮起，城市就会被装点得更加漂亮，大概是它不想因为黑夜而失去色彩吧。可是，霓虹灯为什么会发出五颜六色的光芒？这是怎么做到的呢？要想了解霓虹灯，要从它的历史说起呢！

霓虹灯的由来

"霓虹灯"的名称来自英语"neon lamp"的翻译，而"neon"本来是氖（nǎi）气的意思。难道霓虹灯和氖气有关吗？说起霓虹灯，要先从

两个故事开始讲起。

据说氖气是英国化学家威廉·拉姆赛在做化学实验时偶然发现的。1898年的一天晚上，拉姆赛在实验室做实验，研究"惰性气体是否可以导电"的课题。他把一种稀有气体注射到真空玻璃管中，然后将真空玻璃管中的电极和电源相连。意想不到的现象出现了，玻璃管中的气体不仅会导电，还发出来漂亮的红色光芒！拉姆赛将玻璃管中的气体命名为氖气。

氖气的发现为后来霓虹灯的发明者乔治·克劳德提供了很好的灵感。克劳德是法国人，

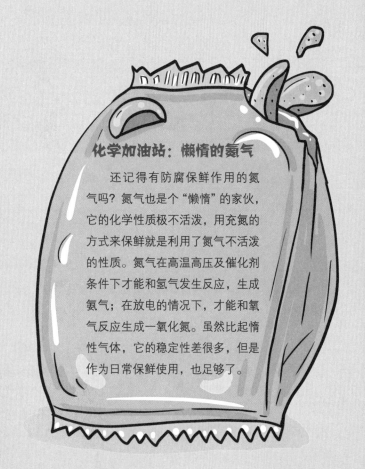

化学加油站：懒惰的氮气

还记得有防腐保鲜作用的氮气吗？氮气也是个"懒惰"的家伙，它的化学性质极不活泼，用充氮的方式来保鲜就是利用了氮气不活泼的性质。氮气在高温高压及催化剂条件下才能和氢气发生反应，生成氨气；在放电的情况下，才能和氧气反应生成一氧化氮。虽然比起惰性气体，它的稳定性差很多，但是作为日常保鲜使用，也足够了。

正要给巴黎歌剧院装上霓虹灯广告牌的克劳德

那时他在巴黎的电力部门工作，想发明一种比一般灯泡更亮、更持久的新型灯。拉姆赛发现的氖气给了他很大的灵感，克劳德做了和拉姆赛相同的实验。不过克劳德发现氖气发出的红光不能满足日常照明。有一天，他和一位做广告的朋友聊天说起这件事，朋友建议他试一试将霓虹灯用在户外广告牌上。朋友的话给了克劳德灵感。克劳德试着做了各种形状的灯管，终于在 1910 年 12 月 3 日，他的霓虹灯首次亮相。后来克劳德继续用其他惰性气体做实验，制作出了五颜六色的霓虹灯。很快，霓虹灯被广泛运用到广告招牌上。第一次世界大战后，克劳德为巴黎歌剧院设计了霓虹灯广告招牌，引起了巨大轰动。

住在霓虹灯里的客人

这下真相大白了。原来在灯管里充了不同的惰性气体，霓虹灯就会发出各种颜色的灯光。比如，在灯管中充入氖气发出红色光，充入氦（hài）气发出黄色光，充入氮气发出金黄色的光，充入氙（xiān）气发出白色的光，充入氩（yà）气发出蓝紫色光，充入氪（kè）气发出橙色光………这些不同的惰性气体就像是不同的客人一样，它们住进了灯管里，负责为城市增添鲜艳的色彩和漂亮的光芒。

空气中的惰性气体

惰性气体，又叫稀有气体。惰性气体一共有六种，分别是氦气、

氦气通电后可以发出黄色的光

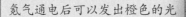

氖气通电后可以发出橙色的光

氖气、氩气、氪气、氙气和氡（dōng）气。惰性气体是单原子气体，它们的性格一点儿都不活泼，很难和气体物质发生化学反应，所以被称为惰性气体。不过，正是因为不活泼，它们才可以成为一种保护气体。比如，灯泡中的惰性气体，不仅可以发出不同颜色的光，还能延长灯具的使用寿命。再比如，博物馆展厅中有宇宙飞船、人造卫星等有关金属的物品展示橱窗经常会使用氮气作为保护气，防止里面的金属物品氧化。在焊（hàn）接中，也会用氩气或氦气等惰性气体作为保护气来保证焊接的顺利进行。如果没有惰性气体，方便人类生活的各种设施，如汽车、游艇、挖掘机、输气管道等都很难建造出来。没想到吧，惰性气体对人类社会做出的贡献这么大！

氦气通电后可以发出红色光

氩气通电后可以发出蓝紫色的光

多功能好帮手——稀有气体

变色眼镜的 秘密

　　每当夏日炎炎，骄阳如火的时候，很多人都喜欢戴墨镜。墨镜不仅可以抵挡强光对眼镜的伤害，还能让你成为街头"最靓的仔"。不过，这也没什么稀罕的。有一种眼镜可比墨镜有趣多了，可以说是眼镜中"最靓的仔"，它就是变色眼镜。它在普通镜片和墨镜之间来回切换的同时，也能防止强光对眼睛的伤害。听起来很酷吧？它里面该不是藏了变色龙吧？

有趣的变色眼镜

　　当遇到阳光时，在紫外线照射下，变色眼镜的透光率就会降低，颜

在阳光下，变色眼镜的颜色会变深

色变深。在没有紫外线的环境里，变色眼镜又会慢慢褪色恢复透明。神奇的变色眼镜就是这样随着紫外线的出现和隐没来回改变颜色。变色眼镜神奇而特别的功能可以为人适应光线变化、减少强光对眼睛的刺激、缓解视觉疲劳提供帮助，从而起到保护眼睛的作用。不过，这可和变色龙没有关系，而是隐藏了神奇的化学反应。

卤化银和太阳光

变色眼镜的镜片是光致变色玻璃，它里面加入了卤化银的感光剂，如氯化银、溴化银。当遇到紫外线时，卤化银就会分解成卤原子和银原子。因为银单质会吸收紫外线，所以镜片会变成灰

遮挡住阳光，变色眼镜就会渐渐恢复原本的颜色

色。整个变色过程只要几秒钟就可以完成。而且紫外线越强，变色眼镜的变色速度越快。在没有阳光的地方，变色眼镜又会恢复透明，这又是为什么呢？原来呀，除了卤化银，变色眼镜中还有少量的氧化铜。在氧化铜的还原作用下，卤原子和银原子又会还原成卤化银，所以眼镜又很快恢复了透明。这听起来，像是卤化银、太阳光和氧化铜的魔术游戏呀！在正常情况下，变色眼镜的透光率大概在 85% 以上，变色后透光率会降低到 25% ~ 40%，当离开阳光后，透光率会增加 20% 以上。如果没有氧化铜，眼镜颜色的还原速度就会慢很多。

变色玻璃

随着科学技术的发展，人们又用稀土元素的氧化物制作了变色玻璃。比如，加入氧化铷（rú）的玻璃在日光照射下会呈现紫红色，在荧光灯照

加入了各种元素的玻璃，拥有了独特的变色性能

氧化铷

钼

钨

钨

氧化铷

射下却会呈现出蓝紫色。除了稀土元素，在玻璃中直接加入钼（mù）和钨（wū），也可以制造出变色玻璃。房间如果安装了变色玻璃，不仅可以保持室内的亮度，还能阻挡阳光中的紫外线。即使时间久了，变色玻璃也不会褪色，因为这些物质已经和玻璃融为一体，任凭风吹、雨淋和日晒，变色玻璃总能保持自己独特的变色性能。

化学加油站：

为什么大多数

变色眼镜是灰色的？

市面上最常见的变色眼镜是灰色的，可以有效降低光线的强度。而且人透过变色镜看到的景物的颜色，不会因为眼镜颜色的变化而变化。灰色镜片对任何颜色都能均衡吸收，所以可以更真实地呈现事物的颜色。

菠菜
怎么这么涩?

　　好涩,好涩!营养这么高的菠菜,吃起来怎么这么涩呢?真是可惜!而且听说菠菜、豆腐一起吃容易长结石。这可是人们经常吃的一道菜呀!

大胆!竟敢称王,谁封的!

陛下,这是外国使臣带来的"蔬菜之王"!

"蔬菜之王"
——菠菜

菠菜营养非常丰富，有"蔬菜之王"的美称；豆腐富含蛋白质，同样深受人们喜欢。这不是很完美的搭配吗？难道菠菜并没有传说中那么优秀吗？

有营养的菠菜

　　菠菜原产于伊朗，在唐朝时传入中国。菠菜富含维生素 C 和维生素 K、类胡萝卜素、辅酶 Q10 以及矿物质铁、钙等，被称为"蔬菜之王"。辅酶 Q10 具有抗氧化的作用，简直就是皮肤衰老的救星呀。不仅如此，辅酶 Q10 还能为心脏提供动力，为心肌提供氧气，改善心肌缺氧，从而达到预防心脏病的目的。此外，它还能清除人体自由基。如此说来，菠菜简直就是集美容、保健和排毒功效为一体的宝贝呀，不愧是"蔬菜之王"。如此优秀的它，为什么吃起来涩涩的，和豆腐搭配还容易使人长结石呢？

被牢牢绑住的"凶手"草酸

抓住你了，草酸！

　　吃菠菜之所以会有苦涩的味道，是因为它的身体里住了一个"坏家伙"——草酸。菠菜里草酸的含量很高，大概每 100 克菠菜（圆叶）中就有约 750 毫克的草酸。

　　草酸是一种酸性物质，它会和人体中的钙离子发生化学反应，形成草酸钙。所以，吃了菠菜以后，牙齿、舌头甚至整个口腔都会有一种涩涩的感觉。

　　那菠菜和豆腐一起吃容易长结石是谣言还是科学呢？其实这是有一定道理的。因为豆腐富含钙，当豆腐中的钙和菠菜中的草酸相遇，豆腐中的钙会被菠菜里的草酸悄悄偷走，不仅失去营养，还会形成草酸钙。草酸钙是一种很难溶解的物质，很难被人体吸收，而且会影响人体对钙的吸收，甚至堆积在身体中，形成结石。

　　怎么？你吃过菠菜炖豆腐？不要过分担心，偶尔吃一两次并不会长出结石的。

吃完菠菜以后，舌头涩涩的

赶跑草酸

这么说来，菠菜就不能吃了吗？它的营养价值可是很高的呀！当然不是了。《孙子兵法》："知彼知己者，百战不殆。"要想吃到没有草酸的菠菜，就先让我们来了解一下草酸。化学知识来帮忙。

草酸是一种有机物，可以溶于水，利用它这一特性，可以用焯（chāo）水的办法把草酸赶跑。不信你试试，焯过水的菠菜，味道是不是好多了，嘴里也没有涩涩的感觉了呢？

化学加油站：
只有菠菜才含有草酸吗？

当然不是了，除了菠菜，苋菜、空心菜、苦瓜，韭菜、香菜、青椒、甜菜、茭白、芥菜等蔬菜，也都不同程度地含有草酸。其中，苋菜、空心菜、苦瓜的草酸含量都还很高呢！

菠菜还是视力保护者

小朋友可以多吃菠菜哟，因为菠菜中含有大量的类胡萝卜素，在人体内可以转化成维生素A，可以很好地保护视力。不过，吃之前一定记得要用水焯过哦。

有研究表明，用热水焯菠菜，可以去掉菠菜里50%～80%的草酸，焯煮的水量和焯煮时间是影响草酸释放的关键因素。不过，热水本身不会分解草酸，而是用热水把草酸从菠菜中煮进了水里。赶跑草酸，吃菠菜就放心多了！

总之，这并不是一个化学反应，而是运用了草酸的化学性质，找出它的缺点，最终赶跑它。

烧水壶里的

水垢是从哪里来的?

呀! 烧水壶里怎么有一层厚厚、硬硬的水垢? 烧水壶里的水垢是从哪里来的? 是水不干净吗? 水垢对身体有害吗? 硬硬的水垢怎么才能去

烧水壶壁上
厚厚的水垢

除呢？也许，你脑子里有一大堆关于水垢的问题。其实呀，这不过是一个化学小问题。学了本章的知识，就会一切真相大白，你还可以为妈妈除一除水壶里的水垢呢！

水垢从哪里来？

咕嘟，咕嘟。每天都在工作的烧水壶的壶底和内壁慢慢会出现白色粉末物质。时间久了，内壁和壶底就会出现一层厚厚的、硬硬的水垢。这些水垢有的是白色的，也有淡黄色的，它们牢牢地附着在水壶里，像是在这里安了家。它们是从哪里来的呢？

水垢又叫水锈、水碱，是硬水在煮沸以后所形成的矿物质。其实，这并不是什么脏东西，而是水在烧煮时发生化学反应产生的化学物质。通常，自来水里会含有钙离子、镁离子、碳酸根、碳酸氢根、硫酸根等化学元素，这些化学物质溶在水里，所以肉眼无法看出。可是，当水烧煮到一定温度时，里面的钙离子、镁离子就会和酸根离子结合，形成碳酸钙、碳酸镁、硫酸钙、氢氧化镁等矿物盐的沉淀物。这些化合物不溶于水，如果长期时间不清洗水壶，它们就会在水壶里安营扎寨了。

碳酸镁

碳酸钙

氢氧化镁

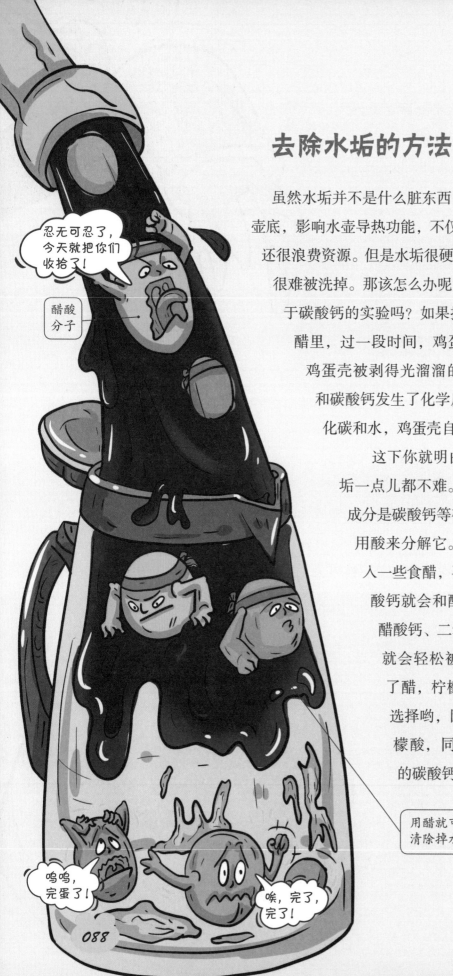

去除水垢的方法

虽然水垢并不是什么脏东西，但是长时间积在壶底，影响水壶导热功能，不仅会延长烧水时间，还很浪费资源。但是水垢很硬，如果直接清洗，很难被洗掉。那该怎么办呢？还记得做过的关于碳酸钙的实验吗？如果把一只鸡蛋泡在白醋里，过一段时间，鸡蛋壳居然不见了，鸡蛋壳被剥得光溜溜的。这是因为白醋和碳酸钙发生了化学反应，生成了二氧化碳和水，鸡蛋壳自然就不见了。

这下你就明白了吧，其实除水垢一点儿都不难。因为水垢的主要成分是碳酸钙等矿物盐，所以可以用酸来分解它。比如在水壶中加入一些食醋，再加清水烧煮，碳酸钙就会和醋发生反应，生成醋酸钙、二氧化碳和水，水垢就会轻松被清理干净了。除了醋，柠檬也是一个很好的选择哟，因为柠檬里含有柠檬酸，同样可以分解水中的碳酸钙。

赶紧把这些方法用起来，给家里的水壶除除水垢吧。

矿泉水和纯净水的区别

有一种水，用它烧水是不会出现水垢的，那就是纯净水。听起来，这样的水用起来更方便呀。但是，纯净水中不含杂质，也不含对人体有益的矿物质和微量元素。纯净水是将符合国家生活饮用水标准的水通过蒸馏法、电渗析法、离子交换法、反渗透法等方法把水中的有害物质、矿物质、有机成分和微生物去除后的一种水。这种水又被叫作软水。虽然干净卫生，但是因为没有矿物质，长期喝对身体健康并没有益处。矿泉水是硬水，含有丰富的矿物质和微量元素，它是天然水，是通过开采、挖井等方式从地下深处挖掘出来的水。

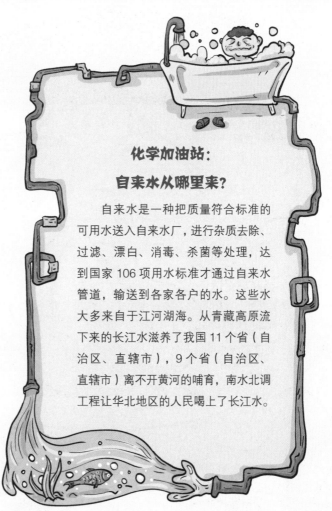

化学加油站：

自来水从哪里来？

自来水是一种把质量符合标准的可用水送入自来水厂，进行杂质去除、过滤、漂白、消毒、杀菌等处理，达到国家 106 项用水标准才通过自来水管道，输送到各家各户的水。这些水大多来自于江河湖海。从青藏高原流下来的长江水滋养了我国 11 个省（自治区、直辖市），9 个省（自治区、直辖市）离不开黄河的哺育，南水北调工程让华北地区的人民喝上了长江水。

酸掉牙的
猕猴桃怎么变熟？

你喜欢吃猕猴桃吗？有没有遇到过还没有熟透的猕猴桃？如果你等不到它熟透就想尝一口，啊，简直酸掉牙！这可怎么办？问题虽小，但是关乎美味，就不得不想想办法啦！其实生活中，不仅猕猴桃，还有香蕉、

没熟的猕猴桃

天哪，为什么这么酸！

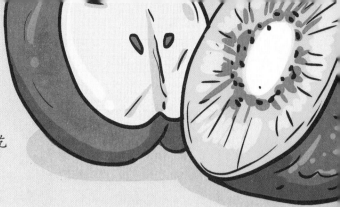

芒果等水果，也经常有不够成熟的，怎么才能让它们熟得快一点，尽快吃到美味的水果呢？

水果的相遇相熟

随着电子商务和现代物流的发展，全国甚至全世界的水果，你坐在家里就能吃到。不过有的水果，如猕猴桃、香蕉、芒果，如果等到成熟后再摘取、运输、销售，可能在运输途中就腐烂了。所以，必须在即将成熟的时候摘取水果。这样一来，可能又会出现到了嘴边的水果还没熟透的情况。这可怎么办呢？

其实，水果之间是可以互帮互助的，熟了的水果可以帮助没有成熟的水果尽快成熟哦！还有这样的事情？

很多水果，像苹果、芒果、香蕉、猕猴桃、梨等，在即将成熟的时候，会自动产生一种叫"乙烯"的化学成分。乙烯的出现，是水果走向成熟的标志，它是植物体内分泌出的激素，可以让水果中的果实变大、籽粒成熟和饱满。其实在植物生长的不同阶段，从发芽到成长、开花、果熟、衰老和凋谢的整个过程，都有乙烯的参与。

所以，只要我们利用好水果中自带的天然"催熟剂"，就可以很快吃到新鲜成熟的水果了。比如，把没有成熟的猕猴桃和成熟的苹果或香蕉放在一起，用塑料袋包好，很快，猕猴桃就会被催熟。因为成熟的苹果和香蕉会释放更多的乙烯，乙烯的增加可以促进猕猴桃更快地成熟。明白了这一原理，就可以用同样的方法催熟香蕉、芒果等水果了。

成熟的水果能释放出更多的乙烯

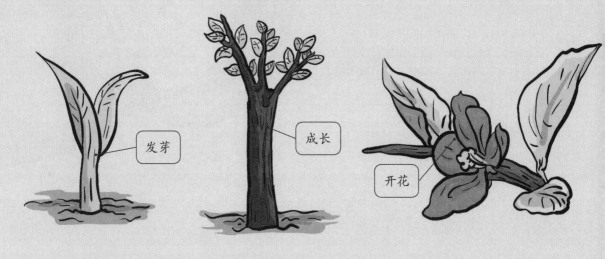

发芽

成长

开花

不过，最好还是用苹果，因为苹果更坚硬，催熟其他水果后仍然可以食用。如果用成熟的香蕉催熟猕猴桃，大概在猕猴桃成熟以后，香蕉已经牺牲了。因为香蕉含有的乙烯更为丰富，成熟以后很快就会腐烂。

那如果不放其他成熟的水果催熟，没有成熟的水果，如猕猴桃，会自己成熟吗？答案是会的。因为未成熟的水果中也含有乙烯。只是比起用其他水果催熟的方法，自我成熟更慢一些，用的时间更长一些。

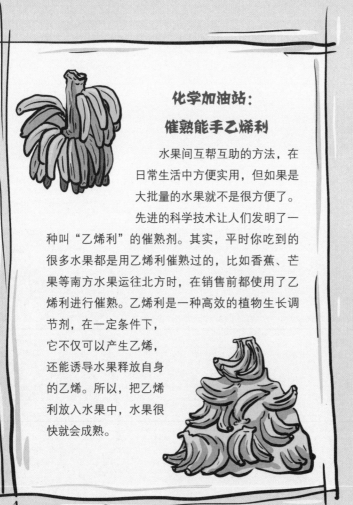

化学加油站：
催熟能手乙烯利

水果间互帮互助的方法，在日常生活中方便实用，但如果是大批量的水果就不是很方便了。先进的科学技术让人们发明了一种叫"乙烯利"的催熟剂。其实，平时你吃到的很多水果都是用乙烯利催熟过的，比如香蕉、芒果等南方水果运往北方时，在销售前都使用了乙烯利进行催熟。乙烯利是一种高效的植物生长调节剂，在一定条件下，它不仅可以产生乙烯，还能诱导水果释放自身的乙烯。所以，把乙烯利放入水果中，水果很快就会成熟。

1

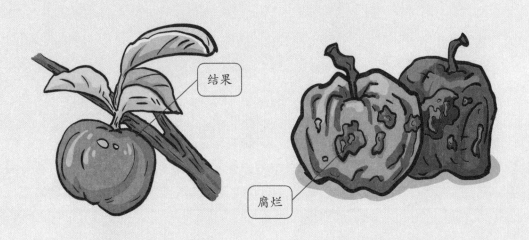

结果

腐烂

乙烯这么重要？

乙烯是一种有机化合物，一个乙烯分子由两个碳原子和四个氢原子组成。虽然植物中含有乙烯，但乙烯的主要来源是石油。而除了用作燃料，石油重要的用途就是生产化工原料乙烯和苯。是不是很意外呢？乙烯被称为"石化工业之母"，是化工行业的重要原料。我国每年都要生产上千万吨的乙烯呢。

乙烯又可以生产出各种其他材料，被广泛运用到工业生产和日常生活中。它可以制成聚乙烯塑料、涤纶纺织品、洗涤剂、乳化剂、防冻液以及纤维等，像生活中常见的塑料袋、保鲜膜、玩具、塑料瓶等，都来自乙烯的合成材料聚乙烯。而超高分子聚乙烯因为耐磨、耐腐蚀、抗冲击力强，还被应用到军事工业中，如制作头盔和防弹衣以及军事武器的配件等。看看你穿的衣服，有没有涤纶材料制作的呢？

涤纶材料的衣服

由聚乙烯制成的保鲜膜

怕什么，这是给咱们保鲜的。

快逃，她要用保鲜膜把我们包起来！

093

咦？秋天，
树叶为什么变色了？

真神奇，大树也要换新衣？难道是它爱美丽？你一定发现了，每当秋天来临，不仅树上的果实熟了，就连树叶也变得一片金黄，十分迷人。它们该不是想跟果实争风采吧？不对，不对！有的树并没有果实，叶子也会变黄呀，如杨树。而且，更神奇的是，有的树的叶子会在秋天变成红色，如枫树、槭（qì）树。这究竟是为什么呢？

树叶黄了

风带来四季的变化，春风吹绿树叶和小草，而秋风送来凉爽和满树的金黄，这是每一个人都能看到和感受到的。我们看到了季节色彩的变化，却没有看到树叶也发生了奇妙的变化，如树叶是怎么从绿色变成黄色的呢？

其实树叶之所以变黄，是因为叶片里的叶绿素不见了，叶黄素和胡萝卜素出

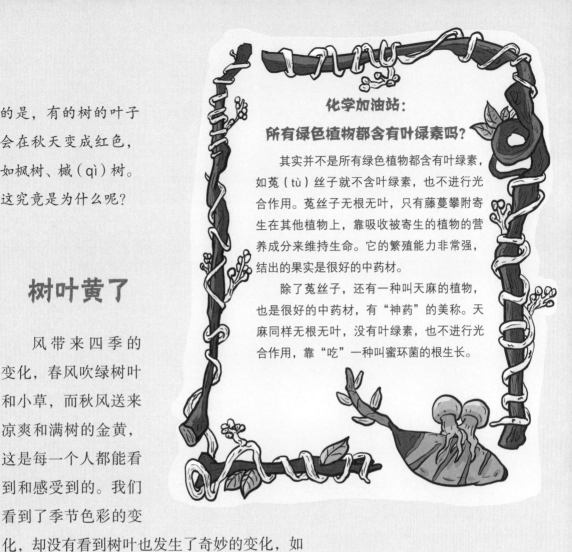

化学加油站：
所有绿色植物都含有叶绿素吗？

其实并不是所有绿色植物都含有叶绿素，如菟（tù）丝子就不含叶绿素，也不进行光合作用。菟丝子无根无叶，只有藤蔓攀附寄生在其他植物上，靠吸收被寄生的植物的营养成分来维持生命。它的繁殖能力非常强，结出的果实是很好的中药材。

除了菟丝子，还有一种叫天麻的植物，也是很好的中药材，有"神药"的美称。天麻同样无根无叶，没有叶绿素，也不进行光合作用，靠"吃"一种叫蜜环菌的根生长。

现了。树叶的颜色是由它们体内的色素决定的。叶子之所以是绿色，是因为叶片在充足的太阳光照下，生成了大量的叶绿素；可是当秋天来临，日照时间逐渐变短，阳光的强度逐渐减弱，叶绿素生成速度越来越慢，分解速度越来越快，等到叶绿素消失以后，树叶就变成了黄色。这是因为叶片中除了叶绿素，还有叶黄素和橙黄色的胡萝卜素，它们可不那么依赖阳光，所以在叶绿素慢慢消失的过程中逐渐显现出来。

是花青素让树叶变红了

读到这里，爱思考的你一定有了疑惑，为什么有的树叶在秋天并没有变成黄色，而是变成红色了呢？如枫叶和长得有点像枫叶的槭树叶，在秋天都会变成红色。这是因为这些叶片中含有花青素，花青素在大树中糖分的作用下，产生了花青素苷。这种物质是叶子呈现红色的原因，并且非常稳定。而且呀，温度越低，花青素苷合成的速度越快，所以才有了"霜叶红于二月花"的深秋美景。

树叶上的叶绿素们

喂，老兄，来我们的地盘有何贵干？

少废话，赶紧走！

叶绿素在植物中扮演什么角色？

叶绿素不仅存在于大树中，大部分植物中都含有叶绿素，如小草，还有我们吃的绿色蔬菜等。

叶绿素是植物进行光合作用的重要物质。它在植物体中通过吸收光能，将大树吸收的二氧化碳气体和水分进行转化，变成糖分等有机物和氧气。糖分变成大树的养料，氧气释放到空气中。这简直就是一个能量转化工厂呀！

因为叶绿素最容易吸收太阳光中的红光和紫光，所以叶绿素呈现绿色。叶绿素性质不是十分稳定，酸、碱和阳光都会使它分解。这就是当秋天太阳光的光照时间减少和强度降低时，叶绿素逐渐消失的原因。

叶绿素不仅能为植物传递、加工和制造能量，还能为人类提供很大的帮助，它有造血、解毒、提供维生素等多种用途。

叶绿素中含有丰富的维生素，可以改善口臭、脚臭，还能有效加速体内胆固醇的代谢，帮助降低血压和血脂，平衡人体酸碱度。叶绿素还能减少皮肤老化和太阳晒斑，参与人体 ATP 的制造和形成，为人体提供能量。我们吃的绿色蔬菜中，往往是绿色越深的蔬菜，叶绿素的含量越高，一定要多吃一些绿色蔬菜哟！

呃!
好臭好臭的臭豆腐

看见"臭豆腐"三个字，有没有觉得有一股臭味从书里飘了出来呢？有人说"臭豆腐太臭了"，有人说"臭豆腐闻着臭，吃着香"，这就叫"萝卜青菜，各有所爱"。今天，我们要讨论的是为什么臭豆腐会这么臭。

青方臭豆腐

臭豆腐在各地的种类和制作方法都有所不同，不过以北京臭豆腐和长沙臭豆腐尤为出名。

说到北京臭豆腐，就不得不说到一个人——王致和。据说王致和原本是康熙年间安徽的一个书生，他进京赶考落榜，想要返回家乡，可是路费花光了。如果留在京城准

呜呜！好臭！我快窒息了！

不小心打翻的臭豆腐

呜啊，臭味直冲脑门，我先晕一下好了。

呕~

098

备第二年再考，时间又很长。因为王致和家里是开豆腐坊的，小时候也学过做豆腐，所以他决定卖豆腐维持生计。

在盛夏的时候，有一次王致和做的豆腐剩了好多，没有卖出去，倒掉实在可惜，所以他把豆腐切成小块装进坛子里，又加了盐腌了起来。可是这坛豆腐被王致和抛到了脑后，过了很久他才想起来。当他打开豆腐坛子的一瞬间，臭气扑面而来。好奇的王致和尝了一口，发现这豆腐虽然闻起来很臭，但是吃起来却很香，邻里尝了也都说好吃。臭豆腐物美价廉，又很下饭，赢得了很多人的喜欢。王致和决定弃学经商，卖臭豆腐。

在清朝末年，臭豆腐传入皇宫，深受慈禧太后的喜欢。慈禧太后还给它取了一个文雅的名字——青方。时至今天，"王致和"牌臭豆腐仍然被摆在超市的货架上。据说，臭豆腐用馒头蘸着吃更美味呢。

长沙臭豆腐

比起青方臭豆腐，长沙臭豆腐似乎更受欢迎。长沙臭豆腐是用臭卤水将豆腐浸泡制作而成的。臭味的关键在于卤水的制作上。人们用浏阳豆豉（chǐ）、香菇、冬笋、八角、茴香等材料腌制发酵后的卤水奇臭无比，用腌制过的臭卤水去腌制臭豆腐，简直就是以臭传臭呀。臭虽臭，但是经过油炸之后，奇特的香味诱人得很呢！

臭和香从哪里来？

青方臭豆腐属于发酵型臭豆腐，长沙臭豆腐是油炸臭豆腐，它们的制作方式不同，臭味来源不同，但从化学的角度看，本质是一样的，都是蛋白质分解的结果。

青方臭豆腐在发酵过程中，蛋白质在蛋白酶的作用下分解后产生硫化物和吲哚。硫化物是什么味道呢？比如，汽车尾气的味道、煤炭燃烧的味道都来自硫化物中的某种含硫气体。而吲哚就不必说了，前面的章节我们已经讲过，臭屁和香水都少不了它。另外，豆腐中的硫化氨基酸也会分解产生硫化氢和氨气，硫化氢的臭鸡蛋味和氨气的刺鼻味道简直是臭味中的臭味。

臭豆腐的香味则是来自蛋白酶分解时产生的丰富的氨基酸。臭豆腐中的氨基酸还能给人体提供丰富的营养物质，如钙、铁、锌、维生素

美味的臭豆腐

B1、维生素 B12 等含量都非常高。

长沙臭豆腐和青方臭豆腐不同，它的卤水在腌制的过程中会发生复杂的化学反应，能产生 100 多种挥发性物质。这些挥发性物质，一类是可以产生香味的柠檬酸、乙酸乙酯等，一类是可以产生臭味的粪臭素、二甲基二硫醚（mí）等化合物。难怪臭豆腐那么臭，粪臭素可是粪便中含有的化学物质呀。不过，粪臭素稀释到一定程度，反而会散发出淡淡的茉莉花香，因此它还是食品添加剂中的一种香精呢。

说到这儿，是不是觉得这味道有点儿一言难尽呀！可是，当豆腐遇到这一言难尽的臭卤水，豆腐中的蛋白质再次被分解，臭味更加丰富，香味也更加突出。最后经过油炸，又臭又香的臭豆腐在经过奇妙的美拉德反应之后，不仅口感酥脆，香味也发挥到极致。再辅以料汁和小菜，一口下去，臭和香巧妙组合，味道简直绝了！

化学加油站：

中国"素奶酪"

臭豆腐那么臭，健康吗？臭豆腐不仅不含胆固醇，反而含有大豆中特有保健成分大豆异黄酮，蛋白质含量和肉差不多，钙的含量也很丰富，因此被称为中国的"素奶酪"。不过，臭豆腐钠含量较高，并且在生产、储存过程中容易引起细菌感染，所以不宜多食。

不粘锅
为什么不粘食物？

工欲善其事，必先利其器，做饭也一样哟。你知道妈妈做饭用的不粘锅为什么不粘食物吗？无论是水滴、油还是蔬菜，在不粘锅里就像坐滑梯一样，随着火的烧烤，"刺溜刺溜"地滑来滑去。这又是什么高科技呀？

妈妈的厨房神器
——不粘锅

102

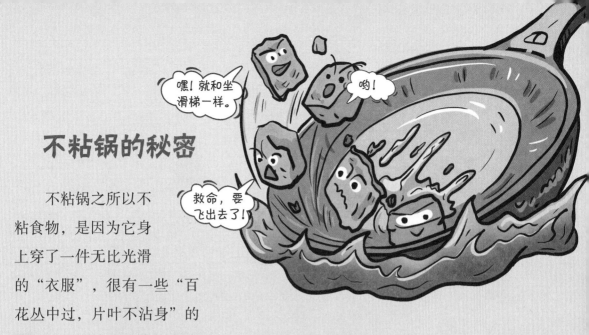

不粘锅的秘密

不粘锅之所以不粘食物，是因为它身上穿了一件无比光滑的"衣服"，很有一些"百花丛中过，片叶不沾身"的意思。如果放一滴水，水滴会像珠子一样在不粘锅里滚来滚去。即便是高温加热的蔬菜，也没有办法黏在它的身上。

通常这种无比光滑的"衣服"有两种，一种是陶瓷，一种是特氟龙。

陶瓷不粘锅是用高纯度的二氧化硅，通过纳米技术涂在锅体表面。陶瓷性能稳定，十分安全。纳米技术可以使它紧致地附着在锅体表面，达到光滑如镜的效果。特氟龙不粘锅耐高温、耐酸耐碱，摩擦系数非常小，非常光滑。特氟龙是市场上不粘锅普遍采用的材料，而且比起陶瓷不粘锅，价格更实惠。

用穿上特殊"衣服"的锅，做饭的时候更顺手，也不用担心粘锅的问题。

特氟龙的秘密

你一定很好奇特氟龙是什么东西。其实它的化学名称叫聚四氟乙烯，是四氟乙烯气体单体聚合成的高分子聚合物，它的分子量高达50万~200万。它还非常光滑，任何东西在它身上就像是滑冰一样，根本停留不住。这就是它不粘的秘密所在。

做饭炒菜，锅只光滑可不行，特氟龙一定还有其他特点。是的，它

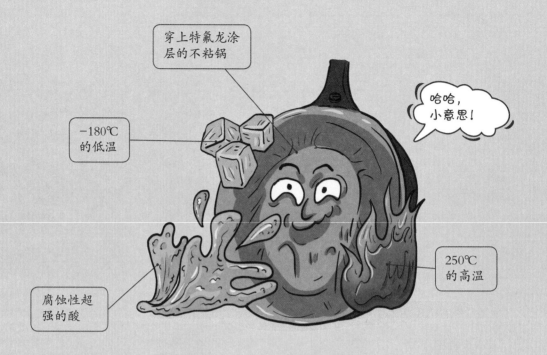

穿上特氟龙涂层的不粘锅

−180℃的低温

哈哈，小意思！

腐蚀性超强的酸

250℃的高温

的化学性能稳定也是它区别于其他东西的重要特点。特氟龙又被称作"塑料王"，哪怕是浓硫酸、强碱，甚至是腐蚀性非常强的硝基盐酸（王水）对它也不起作用。如此说来，穿上特氟龙的炒锅多像一个身披铠甲的钢铁战士呀！

那如果是冰冻或者火烧也不起作用吗？这个问题嘛，答案不是那么绝对，不过它的耐寒和耐高温能力说出来也足以让你瞠目结舌。它能抵抗 −180℃ 的低温，可以承受 250℃ 的高温，是不是已经很厉害了？对于做饭来说，耐高温是我们更关注的，正常炒菜，这样的耐高温条件已经足够了。

不过，告诉你一个秘密，这位钢铁战士其实非常脆弱，最怕硬物。如果你用金属铲子炒菜，那它一定是被划得乱七八糟了。这么一来，不粘的特性就被破坏了，只能弃锅，所以这就是为什么不粘锅一定要配上硅胶铲。即便如此，穿着"战衣"的不粘锅，寿命也只有两年左右。

除了不粘锅，电饭煲、微波炉、烤箱等日常厨具也都有特氟龙涂层。另外，特氟龙还是制作防水雨衣很好的材料呢。

不粘锅有毒吗?

过去由于技术不发达,特氟龙材料中会加入一种叫全氟辛酸的高毒性物质。这种物质有一定的致癌性,而且一旦流入血液就会一代一代传下去,阳光、水、火、微生物都没有办法分解它。

那使用不粘锅不是很

好烫,要着了,要着了!

300℃的高温

不安全吗? 别担心, 早在 2011 年, 特氟龙已经得到改进了, 几乎所有的不粘厨具都实现了去全氟辛酸, 变得更加安全, 可以承受正常情况下的烹饪温度。

那如果温度超过250℃呢? 这时特氟龙涂层的化学性质就不那么稳定了。如果长时间处于300℃的高温下, 不粘锅的涂层就会分解, 释放有害物质。所以, 一定不要把不粘锅放在火上干烧哟。

化学加油站:
要是有不粘马桶就好了

宾夕法尼亚州立大学研究团队在 2019 年研发出"超滑涂层"马桶, 可以做到百分百不粘留, 不仅免去了大便粘马桶的尴尬, 更重要的是大大减少了冲马桶的用水量, 非常环保。但是, "超滑涂层"只能经受住大约 500 次冲洗, 一个普通的三口之家大概一个月时间就把涂层消磨殆尽。这……每个月都要换一次马桶, 似乎不太可行呀!

嘎吱——

铁甲战士也 **脆弱**

啊，全身上下都是铁锈！

你印象里的铁是什么样的呢？坚硬吗？铁的确很坚硬，若硬碰硬的话，可以分分钟让我们败下阵来。但是这位坚硬的铁甲战士却经不起风吹雨打，动不动就生锈。咦，怎么被自己打败了？这听起来像个笑话，实际上却是由铁的性质所决定的。

斑斑锈迹从哪里来？

铁在生活中随处可见，铁钉、钳（qián）子、铁锅、铁铲、运动健身器材、自行车、汽车、轮船，还有闻名世界的埃菲尔铁塔，这些都主要是铁做的。铁在我们的印象中是一种坚硬的金属，1538℃的高温才能使它熔化，2750℃才能使其沸腾。可是生活中你会发现这位铁甲战士似乎也没那么厉害，如放着放着它就生锈了……

　　铁之所以生锈，是因为它是一种化学性质非常活泼的金属，遇到空气和水就会发生氧化反应。氧化反应主要生成物质是氧化铁，呈红褐色，也就是我们看到的铁锈的颜色。只要氧气和水就能把自己打败，难怪那么容易生锈呢！要知道，氧气和水可是生命赖以存在的基本条件呀！铁兄弟，我们可帮不了你呀！

阻止铁生锈

啊，是海底沉船！

　　办法倒也不是没有，虽然我们无法将铁质物品和氧气与水隔离开来，但是可以从铁制品本身下手，阻断它与空气或者水的接触。比如，在铁制品表面刷一层油漆，就像公园里的健身器材、公交车的车身、地铁的车厢、轮船等等。再比如，用完的铁锅可以将水分擦干净，没有了水分的参与，铁就失去了生锈的条件，如果在锅里涂一层油，铁锅更光滑耐用。机器中的螺丝钉等零部件也可以采用涂油的方式进行保护。用电镀、热镀等方法在铁的表面涂上不易生锈的金属，如锌、锡（xī）、铬、镍（niè）等金属物质，在铁的表面形成一层致密的抗氧化薄膜，也可以有效防止铁生锈。此外，像喷塑料、烧制搪（táng）瓷也是保护铁制品不被氧化的方法。

不易生锈的不锈钢

除了上面的方法，在铁里加入铬、镍等不易生锈的金属，制作的合金产品就变得不易生锈了。比如，几乎人人家里都有的不锈钢锅。不锈钢锅中除了铁以外，还有铬、镍、硅、铅等，这样比起铁来说，它的性能就发生了改变，变得不容易生锈了。但是，不存在绝对不生锈的金属，不锈钢也只是耐腐蚀性比较高而已。

为什么埃菲尔铁塔不生锈？

巴黎的埃菲尔铁塔闻名世界，从名字就能看出它是铁制品。塔身

埃菲尔铁塔

唉，又要上班了。

刷了六年漆，终于完工了。

　　全部由铁建造，重量高达 7000 多吨，已经有 100 多年的历史了，为什么却没有生锈呢？据说，埃菲尔铁塔在 2001 年以前每七年就要维护一次，法国还专门为铁塔量身定制了一种油漆。埃菲尔铁塔每次的维护，有 25 个工人纯手工除锈、刷漆，需要花费六年左右的时间，耗资折合人民币 20 多亿元。每次维护完成，过不了多久，又要开始进行下一轮维护工作了。后来使用了一种新型的无铅环保油漆，大大提高了埃菲尔铁塔的抗锈和抗腐蚀能力，维护周期从七年变成十年。

　　原来，埃菲尔铁塔不是不生锈，而是一直走在除锈的路上呀！

109

嗡……嗡嗡……

讨厌的蚊子！不但声音吵得人心烦，更重要的是还吸人的血，吸了血还要留下一个大包，又麻又痒，真是闹心啊！强大的人类，居然被一只小蚊子惹得不胜其烦。今天倒要看看，这些家伙有什么过人的本领，哼！

一场周密的吸血计划

蚊子伴随自己独特的音乐——嗡嗡嗡，靠近我们。盘旋一会儿，像是找到了合适的吸血位置，然后准确无误地用它细细长长的针刺向皮肤。这根针是它捕食的利器，也是它进食的嘴巴。

可别小看蚊子的嘴巴，它可是由 6 根口针组成的。这些针比头发丝还细呢，分别是一对下颚（è）、一对上颚、一根唾液管（舌）和一根食道管（上唇）。上颚细长尖锐，负责刺入皮肤。下颚长有刀片和倒钩，负责切割皮肤组织。上下颚配合完成刺入皮肤后，会在皮肉中自由弯曲游走，寻找合适的毛细血管。一旦找到血管，唾液管就会负责将蚊子的口水注入"猎物"的血液中。蚊子的口水里含有舒张血管和抗凝血的物质，可以确保血液尽可能多地流向它的口器处，还能防止血液在它的食道中凝结堵塞。注射过它的口水后，蚊子正式开始它的美味大餐——吸血。

没想到吧，小小的蚊子，吸食人血的计划竟然这么周密！

好新鲜的血啊！

蚊子吐的口水

越抓越痒，越抓越痒

被蚊子叮了以后，皮肤上往往会留下一个大包，还很痒，这就是蚊子口水进入人的身体后引发的人的过敏反应。当被蚊子叮咬后，人体的免疫系统会把这种叮咬当作伤口，就会释放一种叫组织胺的蛋白质来保护被蚊子叮咬过的地方。在组织胺的作用下，被叮咬的地方会出现毛细血管扩张，从而形成一个红色的蚊子包。组织胺还会刺激感知神经，产生刺痒的感觉。而且，如果你试图通过抓挠的方式来缓解刺痒，组织胺就会因为你的刺激而分泌得更多，这就是为什么被蚊子叮了以后越抓越痒了！

听起来更像是人体接收到蚊子入侵的信号而引发的一场保卫大战呢，而蚊子包和刺痒的感觉就是战争产生的结果和影响吧！

这场战争不管蚊子赢得了赢不了，红肿的蚊子包和刺痒难耐的感觉告诉我们，人一定是输了！即便你一巴掌把蚊子拍死，最多也是出一口恶气，不如……放了它。什么？！

化学加油站：为什么肥皂水可以止痒？

有人说被蚊子叮了可以用肥皂水止痒，这是真的吗？蚊子叮咬皮肤时注射的口水是酸性物质，而肥皂是碱性物质，肥皂水可以中和这种酸性物质，所以涂了肥皂水以后，很快就不那么痒了。这是有科学依据的！

吸血的蚊子是雌的

被蚊子叮咬是夏天里经常发生的事情。但你知道吗？雄蚊子平时都是靠吸食果汁、

怀孕的
雌蚊子

花蜜、树液等来维持生命的，并不吸人和动物的血液，只有雌蚊子才把人类和动物的血液当作食物。而且通常情况下，雌蚊子只有到了繁衍下一代的时候，才通过吸血来发育自己的卵巢并产卵。雌蚊子每吸一次血，就会飞到水面上产一次卵。如果不吸食血液，雌蚊子的卵巢就不会发育，更不会产卵了。

谁更受蚊子的欢迎

蚊子吸血也是挑人的！不过可不是人们常说的挑血型。蚊子会根据气味、颜色、温度和二氧化碳来挑选猎食的对象。蚊子头上的触须能准确识别二氧化碳的浓度，即便你离它 50 米，它也能准确锁定目标，谁呼出的二氧化碳多，谁就越可能成为它猎食的对象。此外，出汗时汗液里的乳酸、黑色衣服、香水里的硬脂酸、脚臭味都是深受蚊子喜欢的。

集颜色、味道、温度和二氧化碳于一身的完美晚餐！

满头大汗

吐出大量二氧化碳

呛人的香水

113

哇，塑料！
唉，塑料！

塑料包装、玩具、电视、电脑、衣服、不粘锅、电缆、人造器官、军事用品……甚至你正在看的这本书的塑封和封面的薄膜，都是塑料做的。啊！塑料好强大！如果没有塑料，大概你眼前的绝大部分东西都没办法正常使用了吧。不过……唉，它带给地球的灾难也非常大。

塑料是石油做的？

你知道石油是用来干什么的吗？其实，除了作为汽车、火车、轮船等的燃油，它还被加工生产出塑料、合成纤维等。塑料和合成纤维被广泛运用到生活中的方方面面，如矿泉水瓶、玩具、桌椅、购物袋，甚至不粘锅涂层以及衣服和油漆涂料，等等。

聚乙烯就是把乙烯聚合起来

石油能生产塑料，这一定让你很惊讶吧？你还记得"酸掉牙的猕猴桃怎么变熟"中的碳氢化合物乙烯吗？石油经过分离产出乙烯，乙烯经过高压产出聚乙烯（PE），这是一种高分子聚合物，又叫合成树脂，是塑料的一种。全世界每年石油的消耗有几十亿吨，那得生产多少塑料制品呀！

啊，塑料

塑料容易生产，成本低，它的出现解决了人类生活中的很多问题，使我们的日常生活变得更加便利。但是，你能叫出它们的化学名称吗？如聚氯乙烯、聚丙乙烯、聚苯乙烯，还有刚才说到的聚乙烯，它们在生活中极为常见，简直就是塑料中的"四大天王"。

平时用到的食品塑料袋、保鲜膜等食品级别的塑料，就是聚乙烯塑料。如果改变聚乙烯的分子结构，增加其他化学物质，会生产出不同功能和作用的塑料。比如，将聚乙烯中的一个氢原子换成氯原子，生产出来的就是聚氯乙烯（PVC），地板革、人造革、电缆、日用品包装、塑料管道等就是聚氯乙烯制成的。

如果将聚乙烯中的一个氢原子换成甲基，生产出来的就是聚丙乙烯（PP），它可以用来制作塑料绳、汽车、桌椅、药品和食品包装以及零部件。更让人大开眼界的是，就连衣服和毛毯都可能是聚丙乙烯制作的呢！

你的文具盒里应该有直尺吧？那是聚苯乙烯（PS）。将聚乙烯中的一个氢原子换成苯环结构后所合成的，就是聚苯乙烯。它还能制作成肥皂盒、茶杯、灯罩、发泡泡沫等日常用品。就连化妆品中也可能含有聚苯乙烯，如乳液、面霜以及粉饼等。是不是很让人吃惊呀？

还有一种"更厉害"的塑料，比起塑料"四大天王"，

冰火不惧，酸碱无恙——聚四氟乙烯

塑料王

是塑料王，甘拜下风。

塑料四大天王

116

它才是真正的"王"。它就是聚四氟乙烯（PTFE），俗称"塑料王"，是将聚乙烯结构中所有的氢原子换成氟原子的化学合成物质。它的分子结构非常稳定，任凭强酸、强碱和王水也没有办法摧毁它。聚四氟乙烯，你一定不陌生，它可以用来做不粘锅的涂层，还可以用于军事武器和防护用品以及人造器官的制造。无论从性质还是功能来看，它都是塑料中最高级别的了。

塑料有毒吗？

塑料有毒吗？虽然不是所有塑料都有毒，但是仍然值得注意。比如当聚氯乙烯处于65℃以上的温度中时，有害物质就会渗透到食物中，对人体肝脏、肾脏和中枢神经系统产生危害，因为聚氯乙烯塑料中含有有毒物质氯乙烯。再比如，有聚四氟乙烯涂层的不粘锅，如果温度超过300℃，也会逐渐释放有害物质。

虽然并不是所有塑料都有毒，但塑料中含有的增塑剂多半是有毒的。增塑剂是为了增加塑料在加工制作时的可塑性而添加的化学物质。

乙烯分子结构图　　　　　聚氯乙烯分子结构图

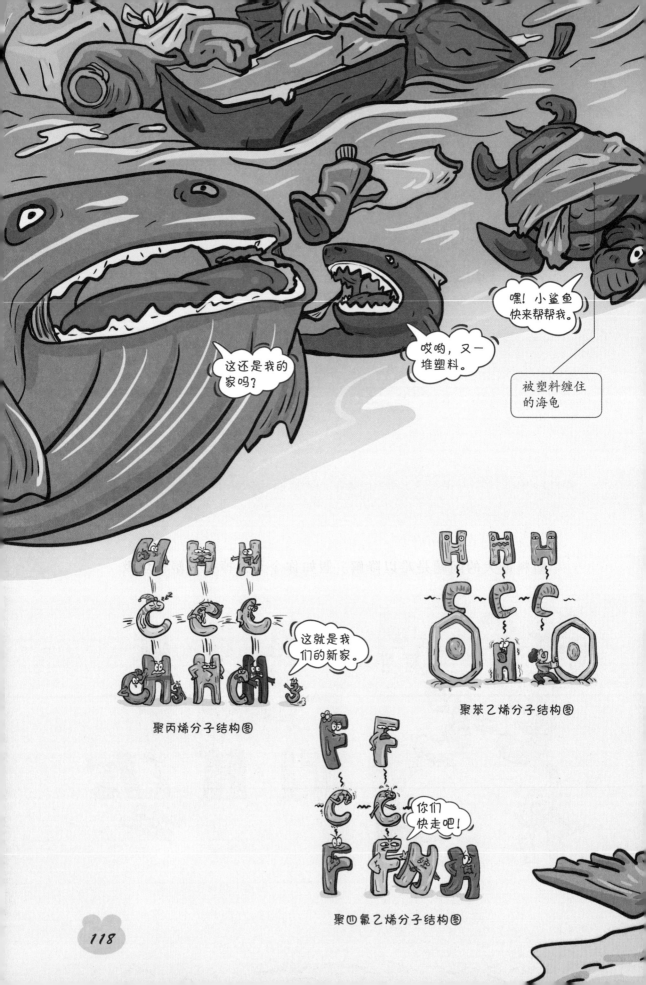

聚丙烯分子结构图

聚苯乙烯分子结构图

聚四氟乙烯分子结构图

118

不过塑料中添加的增塑剂可不像在面粉中加的水那么简单，而是像邻苯二甲酸二丁酯、邻苯二甲酸二辛酯、磷酸二甲酚酯、二苯甲酮、双酚A、樟脑等的有毒化学物质。

唉，塑料

塑料解决了人类生活中的很多问题，带来了非常大的便利，但是它也给地球带来很难解决的难题。因为人类用塑料制作了很多很多用完就扔的东西，如塑料袋、餐盒、食品包装等，这些塑料制品占到总塑料制品的40%。

从塑料发明到今天，不到两百年的时间，我们已经制造了近百亿吨塑料，而这些塑料只有9%被回收利用，12%被焚烧，剩下的79%则散落在了地球的角角落落，近到路边的树枝、土壤，远到喜马拉雅山、海洋甚至南极洲。

塑料最大的问题是难以降解。假如你今天丢掉一件塑料垃圾，500～1000年以后它才能被自然分解。

塑料被埋进土地里，会影响农作物对水分、养分的吸收，影响农

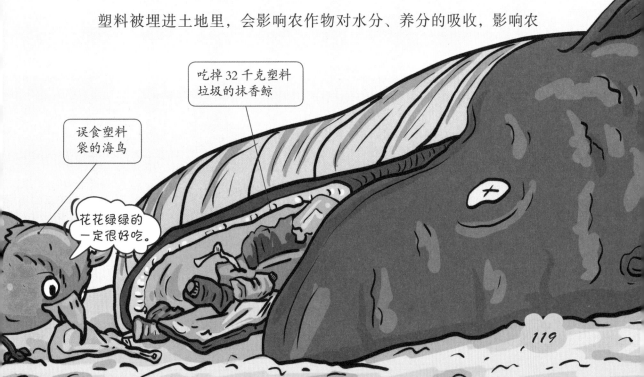

吃掉32千克塑料垃圾的抹香鲸

误食塑料袋的海鸟

花花绿绿的一定很好吃。

作物的生长，还会污染地下水。塑料漂向海洋，海鸟和海洋动物很可能把它们当作食物吞食，却因为没有办法消化而被活活饿死。据估测，到2050年，飘落到海洋中的塑料垃圾的数量将超过海洋鱼类的总和。这对海洋动物来说太可怕了！更可怕的是，人类还没有找到安全有效的方法来消灭这些塑料垃圾。

塑料微粒已经侵入人体

塑料微粒的直径小于5毫米。这些塑料微粒，有的被添加到化妆品和牙膏里直接进入人们的生活，有的是漂浮在海洋中的塑料垃圾在紫外线长期的辐射下产生的，还有的来自土壤和生活的方方面面。现在的海洋里已经有51万亿塑料微粒了，当海洋中的生物吃掉塑料微粒以后，塑料微粒就迈进了食物链的大门，最终一步步走上人类的餐桌。

食盐、啤酒、自来水和蜂蜜中都发现了塑料微粒

有人在蜂蜜中发现了塑料微粒，还有食盐、啤酒、自来水，甚至家里的灰尘中都发现了塑料微粒。几乎所有的成年人以及80%的婴儿体内，都被检测出塑料添加剂——邻苯二甲酸盐，93%的人的尿液中检测出双酚A。如果一个怀孕的妈妈体内有塑料微粒，她肚子里的宝宝体内也会有塑料微粒。美国专家在婴儿的大便中发现，塑料微粒的含量居然是成人的20倍。虽然没有太多的研究结论，但是科学家已经发现塑料微粒会增加人们炎症性肠胃疾病的发病率。

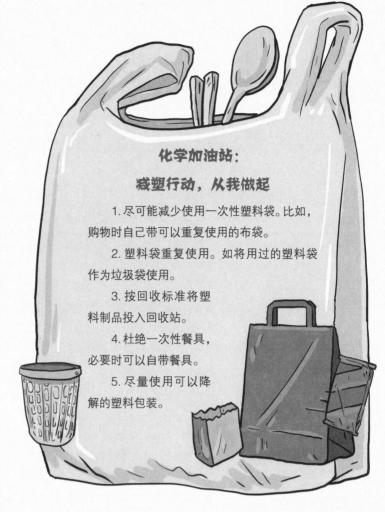

化学加油站：
减塑行动，从我做起

1.尽可能减少使用一次性塑料袋。比如，购物时自己带可以重复使用的布袋。

2.塑料袋重复使用。如将用过的塑料袋作为垃圾袋使用。

3.按回收标准将塑料制品投入回收站。

4.杜绝一次性餐具，必要时可以自带餐具。

5.尽量使用可以降解的塑料包装。

连人类的身体中都含有塑料微粒

图书在版编目（CIP）数据

化学太有趣了.生活中的化学 / 张姝倩著. —成都：天地出版社，2023.1（2024.2重印）
（这个学科太有趣了）
ISBN 978-7-5455-7238-4

Ⅰ.①化… Ⅱ.①张… Ⅲ.①化学－少儿读物 Ⅳ.
①O6-49

中国版本图书馆CIP数据核字（2022）第177046号

HUAXUE TAI YOUQU LE · SHENGHUO ZHONG DE HUAXUE

化学太有趣了·生活中的化学

出 品 人	杨 政
作 者	张姝倩
绘 者	李文诗
责任编辑	王丽霞　李晓波
责任校对	卢 霞
封面设计	杨 川
内文排版	马宇飞
责任印制	王学锋

出版发行	天地出版社
	（成都市锦江区三色路238号 邮政编码：610023）
	（北京市方庄芳群园3区3号 邮政编码：100078）
网 址	http://www.tiandiph.com
电子邮箱	tianditg@163.com
经 销	新华文轩出版传媒股份有限公司

印 刷	三河市嘉科万达彩色印刷有限公司
版 次	2023年1月第1版
印 次	2024年2月第5次印刷
开 本	787mm×1092mm 1/16
印 张	26（全三册）
字 数	359千字（全三册）
定 价	128.00元（全三册）
书 号	ISBN 978-7-5455-7238-4